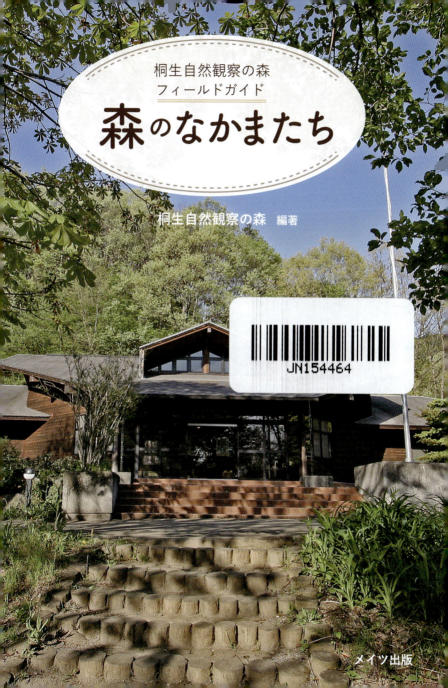

桐生自然観察の森
フィールドガイド

森のなかまたち

桐生自然観察の森 編著

メイツ出版

はじめに

　桐生市には豊かな自然環境があります。「桐生市のすばらしい自然を少しでも多くの皆さんに感じてもらえる場所があったらいいな」という思いのもとに1989年「桐生自然観察の森」が開園しました。

　あれから30年。これまで、たくさんの人々が自然へのいろいろな思いをいだいてこの森に足を運び、協力と支援をしてくれました。この本は、そんな皆さんの自然に対する思いに寄りそいながら、森の生き物たちが四季を通じてどのような生活をしているのかを中心にまとめました。また、ここの自然に関わってきた人々のことや観察のためのヒントも入っています。

　この小さな本が、森の中を歩いて自然を観察するための一助になればよいと考えています。ぜひ、この本といっしょにフィールドに出かけてみましょう。あなたが森の自然とすてきな出会いができますように！

2019年3月吉日
桐生自然観察の森

● ●

【この本の使い方】

　この本は、桐生自然観察の森に生息する生き物たちを、見られる時期にあわせて、7つの季節に分けて掲載しています。本書の使い方や生き物についてお知りになりたいことがあれば、ネイチャーセンターに常駐しているレンジャーに気軽に声をお掛けください。

掲載種
　園内でよく見られる種類を中心に掲載。自生している種のほか植栽種も含む。
　和名や科名、大きさは巻末の参考文献に準拠した。

〈各季節のいきもの図鑑ページの見方〉
①和名　科名
②大きさ
　　植物　　高さ
　　昆虫　　体長（チョウ・ガは開張）
　　鳥　　　全長
　　その他　体長または全長
③説明文
　見られる場所や行動については、桐生自然観察の森の状況を主に記載した。一部のチョウやガに記載のある食草は幼虫のもの。
④写真
　園内で撮影した写真を主に使用しているが、一部園外で撮影した写真も含まれる。

① フデリンドウ　リンドウ科　② 3-10cm
③ 日当たりのよい場所に生える越年草。2-2.5cm程の青紫色の花が密にかたまって咲く姿は花束のよう。

目次

はじめに／この本の使い方 …………………………………………… 2
桐生自然観察の森はこんなところ ……………………………………… 4
ようこそ森へ …………………………………………………………… 6
野外に出る前に ………………………………………………………… 8

早春 …………………………………………………………………… 9
春の女神 10／不思議な森の住人 12／春を告げる使者 14／早春のいきもの図鑑 16

コラム　レンジャーの仕事 22

春 ……………………………………………………………………… 23
春の美しい人気者 24／森のサクラごよみ 26／森の落とし物 28／世界でここだけの花 30／春の歌い手たち 32／春のいきもの図鑑 34

森の7つ道具　ピンセット 25／捕虫器 29／双眼鏡 33

コラム　大切な標本 41
　　　　生き物移り変わり 42

初夏 …………………………………………………………………… 43
ゼフィルスってなあに 44／ナナフシの七不思議 46／森の大切な仲間たち 48／イモムシ大変身 50／初夏のいきもの図鑑 52

森の7つ道具　カメラ 45

コラム　名物レンジャー 60

夏 ……………………………………………………………………… 61
樹液に集まる虫たち 62／セミの季節がやってきた 64／森の水辺めぐり 66／夏のいきもの図鑑 68

森の7つ道具　ザル 67

コラム　外来生物 76

秋 ……………………………………………………………………… 77
バッタが原の空・草・地 78／森の妖精たち 80／たねのたび 84／秋のみのり 86／秋のいきもの図鑑 88

森の7つ道具　ルーペ 85

コラム　金曜植物クラブ 93
　　　　困った生き物 94

晩秋 …………………………………………………………………… 95
バードウォッチング入門 96／色とりどりな木の実たち 98／クモの女王 100／色づく葉っぱ 102／晩秋のいきもの図鑑 104

森の7つ道具　霧吹き 101

コラム　生き物を調べる 106
　　　　桐生自然観察の森友の会 108

冬 …………………………………………………………………… 109
森のカエルごよみ 110／今が出番！冬になると主役になれるシダ 112／植物の冬越し 114／虫たちの冬越し 116／森のけものたち 118／コケ 120／冬のいきもの図鑑 121

コラム　森を支える 125

全国にある自然観察の森 ……………………………………………… 126
索引 …………………………………………………………………… 127
参考文献 ……………………………………………………………… 135
あとがき ……………………………………………………………… 136

桐生自然観察の森はこんなところ

桐生自然観察の森の位置

「桐生自然観察の森」は桐生市中心市街地から北西約6km、吾妻山の西麓、川内町二丁目地内にあります。中心施設の木造平屋建のネイチャーセンターは標高215mにあり、園内で山頂と呼ばれている場所は355mです。そこからは、吾妻山と鳴神山を結ぶルートへつながる登山道（関東ふれあいの道）が整備されています。園内は主にクヌギ、コナラの雑木林とスギ、ヒノキの植林地、池や沼などの水辺があります。約20haの敷地に5カ所の観察舎と約3.5kmの園路があり、いろいろな植物や野鳥、昆虫などを四季折々観察することができます。この場所は、関東平野の北の端に位置し、センターの裏から北へつづく山々は日光連山につながり、広大なバックヤードとして森の自然を支えています。

ようこそ森へ

森を歩こう

森の中には、生き物たちがたくさん暮らしています。
私たちの目に見えるもの、触れることのできるもの、音や声だけが聞こえるもの、その存在は無数です。
そんな森の中の生き物をこの本の中に紹介することにしました。
約20haの広さのこの森の全ての生き物は載せきれませんが、森を歩けば必ずこの中の何かに出会えることでしょう。そして出会えた生き物の姿や形、色、声、動き、どんな場所で何をしているか、ゆっくり時間をかけて観察してみましょう。
観察には自分の持っている道具、すなわち目、耳、手、口、鼻をフル活用させてみてください。普段は気づかない鳥の声や風の音、花の香り、小さな虫、空の雲の存在などに気づく自分がいるはずです。

さあ出発しよう！

心を落ち着かせて、ゆっくり森の中に入ってみましょう。

何か感じるものはありませんか。森から何かが話しかけてきませんか。何か見えてきたものはありませんか。

ちょっと立ち止まってみましょう。見ている景色はひと時もじっとしていることがありません。風にそよぐ葉、せせらぎの音、少し赤くなった草、足元の虫に少しずつ気づき始めてきましたね。

それは、あなたの目や耳が自然に向かって開いてきた証拠です。

目を離した隙に見逃した小鳥…さあ、どこへ隠れたのでしょう？

手を伸ばしたら跳んで行ったバッタ…なぜそんなにジャンプ力があるのでしょう？

風に乗って種を飛ばす草の実…どうしてそんなに遠くまでいけるのでしょう？

そんな小さな出来事を追いかけていると、すぐに時が過ぎ去ってしまいますが、その発見はひとつひとつ小さな物語を持っています。

身のまわりで見つけた「はてな」を調べてみませんか？森の中の生き物が日々繰り返す営みをじっくり観察してみましょう。

さあ、心の扉も開いてきたようです。

まずは、この本を持ってフィールドに出かけましょう。そこが自然への入り口です。どうぞお入りください。たくさんの生き物たちがあなたを待っています。

園内では次のことが禁止されています。マナーを守りましょう。

昆虫採集　植物採集　キノコ採集　喫煙　火気　危険な遊び　ペット同伴　楽器演奏

野外に出る前に

危険な生き物

園内に設置されている看板

自然の中には毒を持った動物や植物がいます。観察の森では、主な園路の出発地点に写真のような看板を設置しています。スズメバチやマムシ、ヤマウルシなどにもし出会ったらどうしたらいいでしょう。観察会では「刺激を与えない、触らない」など必ず看板の前で、子どもにも大人にも、分かりやすく解説をしています。

最初に、危険な生き物に出会ってしまったらどうしたらいいか、次に毒を持ったものも自然の中では役割を持っていることを伝えています。また、むやみに退治していないことも話しています。

この本の中にも、毒を持つ動物やキノコ、植物などが掲載されています。特に危ないヘビには毒マークをつけましたが、全てにつけているわけではありません。カエルや木の実にも毒のあるものがあります。野外で生き物に触ったら手を洗うことを習慣づけるのも大切です。

服装

園内だけでなく自然観察のために野外に出るときは、長袖、長ズボン、帽子の着用をすすめています。肌を出さないことで、かぶれや虫刺されの被害を防いだり、減らしたりすることができます。枝や石にぶつかった時も、ケガを小さくすることもできます。

最近、マダニやヒルの被害も出ているので、とくに服装には気を配り、安全で楽しい自然観察を続けていきましょう。

野外活動におすすめの服装

早春
めざめる

湿り気を含んだ落ち葉の下で、黒々とした土がかおり立つ。蕾に滴をためた早咲きの木が、太陽に向かってそれぞれの位置につく早春の日。

山笑ふ遠く近くに人の声　喜代美

春の女神

暖かい日が何日か続くと、そろそろ春が来るかな、と心も温かくなってきます。

何もなかった地面から小さな芽を出し、花を真っ先に咲かせ、森の木々の葉が出そろう頃には一年の暮らしを終えて、次の春まで地中で過ごす植物たちがいます。スプリング・エフェメラル（春のはかない命という意味）と呼ばれる仲間で、カタクリがよく知られています。

カタクリ　ユリ科

1年目　地上に糸のような葉をつけます

2〜3年目　小さな1枚の葉をつけます

4〜6年目　1枚の葉がだんだん大きくなります

7〜8年目　2枚の葉をつけると開花します

森の早春を彩る花たち

フクジュソウ　キンポウゲ科

ニリンソウ　キンポウゲ科

ネコノメソウ　ユキノシタ科

ムラサキケマン　ケシ科

タネのひみつ

　カタクリやスミレの種が地面に落ちると、アリがやってきて巣に運んでいきます。種にはおいしい部分（エライオソーム）があり、アリを呼び寄せているのです。こうして植物は遠く離れた所でも芽を出すことができます。

種を運ぶアリ

スミレの種

不思議な森の住人

早春

　自然観察の森でのアブラムシの調査は、2009年から始まりました。初めの頃は採集が主体でしたが、高機能のカメラが入手でき高倍率で撮影が可能になった時点で、アブラムシに対する世界観が変わりました。

アブラムシの不思議

　アブラムシは小さな昆虫ですが、不思議な生活をしています。

白い卵は天敵であるヒラタアブのものです

★子虫は卵からではなく胎生で生まれる
　（「幹母(かんぼ)」以外は全て胎生）
★交尾をしないでも子虫を産むことができる
　（受精せずに胚発生がすすむ）
★通常は雌のみで生活し世代を継承する
　（雄は年に1度特定な時期に現れる）
★生活場所や餌が変わる
　という他の昆虫にはない特徴があります。
　では、その姿をシナノキトックリアブラムシ（写真①〜⑤）で見てみましょう。

①春、展開したてのシナノキの葉裏には大きな赤い虫が見られます。これはアブラムシの中では「幹母」と呼ばれ越冬卵から生まれた成虫で、この時期にしか見られません。

②幹母が次の世代を産みました。朱色はシナノキで次の世代を産む予定の成虫（無翅型）、緑色はこれから翅が生えて（有翅型）ノブキに移る予定の幼虫です。

③ノブキに移った幼虫は、1齢幼虫のまま成長せず「越夏型」という若齢幼虫で夏を乗り切ります。

④涼しくなった頃に成長を再開。

⑤秋には有翅型が現れシナノキに戻っていきます。

　晩秋の低温と短日を感じ取ると、シナノキではこの虫の雄虫と卵生雌が出現し、交尾をし、1年に一度だけ卵を産みます。しかし、まだ私はその姿を見ることができないでいます。

アブラムシが生活する植物があり、発生する時期があります。私は「アブラムシ暦」をつくって、この頃になればいるだろうと予想しながら現地に行っても、様々な条件で出会えないこともあります。春は3月下旬～4月中旬に幹母をねらい、秋は11月下旬頃に雄虫と卵生雌の撮影を試みます。

　次の写真はこの森の主な住人です。同じ種類でも姿がいろいろ変わるのが魅力的です。

コモチシダコブアブラムシ

ミツバウツギフクレアブラムシ　モミジニタイケアブラムシ　ウツギトックリアブラムシ

キブシアブラムシ　　　　　　アブラチャンコブアブラムシ

　撮影中、目的とする虫の躍動感をもった姿がファインダーから覗けたとき「また君に会えたね」と感激することができるようになりました。それはまさに恋人に逢う旅なのです。

（松本嘉幸・芝浦工業大学柏中学高校）

春を告げる使者

早春

ミヤマセセリ

春とともに姿を見せるチョウの代表格としてミヤマセセリがいます。

終齢幼虫で越冬し、3月頃になると羽化（年1化）を始めます。このころに咲き始めるタチツボスミレやタンポポなどの花に吸蜜に訪れたり、地面で翅を広げて日光浴をしたりする姿も見ることができます。

セセリチョウはどれでしょう？

セセリチョウを見た人から「昼間なのにガが花にやってきました」などとよく言われることがあります。セセリチョウは、「ガ」と思われることが多いようですが、れっきとした「チョウ」の仲間です。本来「チョウ」も「ガ」も同じ鱗翅目で、分類学上の区別はありません。形態的には触角の先端が棍棒状のものが多くいるのが「チョウ」で、そうでないものが多いのが「ガ」です。セセリチョウの触角は棍棒状なので「チョウ」なのです。しかし触角の形状、活動時間帯や止まり方などは例外も多く、確実な区別にはなりません。日本には約40種類のセセリチョウがいます（セセリモドキはガです）。

ニホンセセリモドキ

コチャバネセセリ

ダイミョウセセリ

チョウとガの触角　①ヤマトシジミ（チョウ）　②ミノウスバ（ガ）　③ヤママユ（ガ）

その他にも春が来たのを知らせてくれる虫たちがいます

ビロードツリアブ

マルハナバチの仲間

冬の間も成虫で過ごすチョウもいます

　暖かい日には、翅を広げて日なたぼっこしている姿をよく見ますが、翅を閉じてじっとしていると、どこにいるか分からないくらい枯れ葉にそっくりで、落ち葉に溶け込んでいます。

ルリタテハ

ムラサキシジミ

表

裏

早春のいきもの図鑑

日差しが暖かく感じられる日が増えてくると、寒い冬を耐えた生き物たちが目覚めます。木々の枝先では黄色い花が咲き始め、冬を越した昆虫たちは、花の蜜を求めてやってきます。気の早い鳥たちは、巣の材料集めやさえずりの練習。恋の季節の準備です。

スギナ　トクサ科　20-40cm（栄養茎）
多年草のシダ植物。ツクシと呼ばれているのは胞子ができる茎（胞子茎）。

ヒトリシズカ　センリョウ科　15-30cm
林内に生える多年草。花を静御前の舞姿にたとえたもの。花で白く目立つのはおしべの一部。

コブシ　モクレン科　15m以上
落葉高木。10cm程の白い大きな花をたくさん咲かせる。早春の園内でよく目立つ。

アブラチャン　クスノキ科　5m程
やや湿ったところに生える落葉低木。実や樹皮に油分を多く含むことからこの名がついた。

ダンコウバイ　クスノキ科　2-6m
落葉低木。アブラチャンと似るがダンコウバイは花序が無柄。雌雄異株で黒い実がつくのは雌木。

ザゼンソウ　サトイモ科　10-20cm（花）
湿地に生える多年草。名は花を座禅僧に見たてたもの。黄色い花の部分は少し温度が高い。

シュンラン　ラン科　10-25cm
落葉樹林内に生える多年草。まだ他の葉が出ない明るい林内で咲く。

クロヒナスゲ
カヤツリグサ科
20-30cm(花茎)
明るい落葉樹林内に生えるスゲの仲間。園内では普通に見られるが全国的には分布が限られる。

ミヤマキケマン
ケシ科
30-60cm
日当たりのよい場所に生える越年草。2cmほどの黄色い花を多数つける。

ミツバアケビ
アケビ科
つる性
ふつう落葉性のつる植物。葉は3枚の小葉、花は先の方に数個の雄花があり基部にあるのが雌花。

イカリソウ　メギ科　20-40cm
多年草。名は花の形を船の碇に見たてたもの。花は白～紅紫色があるが、園内ではほとんど白色。

マンサク　マンサク科　2-5m
落葉低木～小高木。名は春「まず咲く」がなまったとの説もあり、園内でも他より早くまず咲く。

カツラ　カツラ科　30m
やや湿った場所に生える落葉高木。雌雄異株。葉はハート形で黄色くなると甘い香りがする。

カテンソウ　イラクサ科　10-30cm
林下に群生する多年草。小さな花が複数つくが目立っているのは雄花序。花粉を風で飛ばす風媒花。

ゲンゲ　マメ科　10-30cm
中国原産の越年草で田を肥やすために入れたものが野生化した。「レンゲ」の名でなじみ深い植物。

早春

17

早春

ハンノキ　カバノキ科　15-20m
湿った場所に生える落葉高木。園内では、最も早く咲く花の一つ。雄花序は垂れ下がり目立つ。

アカシデ　カバノキ科　10-15m
湿った沢沿いなどに生える落葉高木。この仲間は園内に数種類あるが本種は雄花序が赤みを帯びる。

ツノハシバミ　カバノキ科　2-3m
林縁に生える落葉低木。同じ木に雄花雌花が咲き長く伸びているのが雄花序。実は棘状の毛が密生。

カタバミ(広義)
カタバミ科
10-30cm
道端などでも普通に見られる多年草。1cm程の花は秋まで見られる。ここでは総称してカタバミとした。

キブシ
キブシ科
ふつう 3m 程
林内や林縁に生える落葉低木。黄色い小さな花には昆虫が吸蜜によく集まる。雌雄異株。

イロハモミジ　ムクロジ科　15m 程
落葉小高木〜高木。紅葉も美しいが葉が展開する時期も紅く美しい。種はヘリコプターのようにクルクル回りながら落ちる。

ユリワサビ　アブラナ科　20-30cm
山間の沢沿いの湿った場所に生える多年草。花や葉がワサビに似るが小型でもむと若干香気がある。

コハコベ　ナデシコ科　10-20cm
林床に生える一年草または越年草。ハコベに似るが全体的に小さく茎が暗紫色。

ヒサカキ　サカキ科　10m程
常緑低木〜小高木。花は強い香りがする。枝葉をサカキの代用品として神事に使用されることもある。

ミツバツツジ　ツツジ科　2-3m
落葉低木。トウゴクミツバツツジはおしべが10本に対して本種は5本。葉が出る前に花が咲く。

アオキ　アオキ科　2-3m
暗い林内に生える常緑低木。雌雄異株。12-5月に赤い実がなり冬によく目立つ。

キュウリグサ　ムラサキ科　15-30cm
葉や茎をもむとキュウリのようなにおいがする越年草。2mm程の花だがよく見ると可憐。

オオイヌノフグリ　オオバコ科　10-40cm(茎の長さ)
ヨーロッパ原産の越年草。日当たりの良い草地や林縁で咲く。小さいがルリ色の花は鮮やか。

ホトケノザ　シソ科　10-30cm
日当たりの良い場所で見られる越年草。花のハート型の部分は花粉を媒介する昆虫の足場になる。

カキドオシ　シソ科　5-15cm
園路沿いで見られる多年草。花の時期は小さいが夏頃には茎がつる状にはって垣根を越えるくらい伸びる。

サギゴケ　サギゴケ科　10-15cm(花茎)
少し湿った場所に生育する多年草。横にはう茎を出しカーペットのように広がることもある。

トキワハゼ　サギゴケ科　5-25cm
草地に見られる一年草。サギゴケに似ているがやや乾いた場所にも生育し、横にはう茎は出さない。

虫こぶ

ヤブレガサ　キク科　70-120cm
林内や林縁に生える多年草。芽ぶきの時期の姿が名のとおり破れ傘のよう。花期は7-10月頃。夏から秋にかけて実のようにふくらんでいるものが観察されることがあるが、これは実ではなくハエによる虫こぶ(ヤブレガサクキフクレズイフシ)。

セントウソウ　セリ科　10-30cm
やや湿った林内に生える多年草。白い花も葉も小型だが、よく観察すると全体的に繊細。

ミヤマウグイスカグラ　スイカズラ科　2m程
日当たりの良い林内や林縁に生える落葉低木。全体的に毛が多く6月頃に熟す赤い実にも毛がある。

アトボシハムシ　ハムシ科　4.5-5.5mm
前翅に2～3つの黒い紋がある小さなハムシの仲間。アマチャヅルによく集まる。成虫越冬。

キタキチョウ　シロチョウ科　35-45mm
春先にみられるのは越冬した秋型の成虫。6月頃に発生する夏型は翅の縁の黒色部が多い。

コツバメ　シジミチョウ科　23-30㎜
せわしなく俊敏に飛ぶ。茶色い翅が落ち葉などに紛れると見つけにくいが、すぐに葉上や枝先に止まる。

ルリシジミ　シジミチョウ科　26-33㎜
ヤマトシジミに比べ翅裏面はやや白く黒点が少ない。表面はルリ色。食草はマメ科など。

クジャクチョウ　タテハチョウ科　50-55㎜
翅の表に眼のような模様がある。裏は地味な黒色だが翅を開くと様々な色が見え美しい。

キタテハ　タテハチョウ科　50-60㎜
食草はカナムグラ。成虫越冬で早春に見られるのは赤みがある秋型。裏面は落ち葉そっくり。

ヒオドシチョウ　タテハチョウ科　60-70㎜
成虫越冬で日だまりで翅を広げてとまっている姿をよく見る。翅裏面に青い縁取りがある。

アカタテハ　タテハチョウ科　50-60㎜
食草は主にカラムシ。春、芽生えたばかりのカラムシの葉に産卵する姿がよく観察される。

イカリモンガ　イカリモンガ科　35㎜程
前翅にあるオレンジ色のイカリ型の模様が特徴。早春〜秋まで花で吸蜜する姿をよく見る。

ヒガシニホントカゲ　トカゲ科　13-27cm
園内のトカゲの仲間は2種。全身が光沢のあるうろこで覆われる。コバルトブルーの尾をしているのは幼体。

ニホンカナヘビ　カナヘビ科　16-27cm
体が隆起のあるカサカサしたうろこで覆われる。木道や葉の上で日なたぼっこをしている姿を見る。

早春

レンジャーの仕事

早春

　レンジャーの仕事は朝の生物調査から始まります。双眼鏡とカメラを首にかけ、「アオイスミレが咲いた。ヤマアカガエルの卵塊が増えた。ルリビタキの声がする」と、見つけたものを記録用紙に記入していきます。きょうはどんな生き物と出会えるかなと、園内を歩くのはとてもワクワクする朝の日課です。

　森での発見は、センター内の展示ホールにある大きな地図に記入、ホームページにも写真付きで紹介します。「初めて来ました。ホームページのカタクリの花はどこで見られますか？」と声をかけられると、興味を持ってもらえたことをうれしく思います。

　お菓子のケースの中にイモムシを入れて「これは何になるのでしょう？」と訪ねてくる親子も時々います。自然観察の森を頼ってくれたかと思うと、気合が入ります。図鑑をいっしょに見ながら、熱く説明をします。

　レンジャーは、自然を守るための調査や管理をしつつ、多くの方が安全に楽しく自然に触れあえるお手伝いをします。そんなレンジャーのパワーの源は来園者の皆さんの笑顔です。（レンジャー：矢澤道子）

ある一日のスケジュール

9:00	10:00	11:00	12:00	13:00	14:00	15:00	16:00
●園内の生物調査			お昼		●ホームページ更新		
	●調査のまとめ			●展示作成		●幼稚園との打ち合わせ	

園内調査

観察の森ホームページ

展示作業

春
うごきだす

冬を耐えたからだに天地の気が満ちてくる春。鳥のさえずりを聞きながらゆっくりと道を踏みしめ山頂へ。浩然の気を養おう。

囀の絶えぬ一樹でありにけり

恵子

春の美しい人気者

　自然観察の森では、2月下旬から5月下旬にかけて、次々とスミレの花が咲きます。スミレは、花の茎の根元が葉の茎につながっている有茎種と、つながらずに株元から花茎がでている無茎種があります。種類によって、生育環境が異なります。開花の時期や場所、特徴をヒントに見分けてみましょう。

有茎種

タチツボスミレ　3月上旬～5月上旬
- 日当たりの良い林内や林縁、園路
- 花期が長いので大株に育ち見事

アオイスミレ　2月下旬～3月中旬
- やや湿った林縁
- 花弁がフリル状に縮れる。早春に咲く

ニオイタチツボスミレ　3月下旬～4月中旬
- 乾燥した林縁や園路
- 花の中央が白く抜ける。よい香りがする

ツボスミレ　3月下旬～5月中旬
- 少し湿った林縁や草地
- 小さな白い花で唇弁に紫の筋がある

無茎種

マルバスミレ　3月下旬～4月中旬
- 明るい林内や林縁、草地
- 丸みのある葉と丸い白い花がかわいい

コスミレ　3月中旬～4月上旬
- 林縁や草地
- 薄紫色の花で葉は卵形

無茎種

アカネスミレ　`3月中旬～4月中旬`
- 日当たりの良い林内や林縁
- 花の中にびっしり毛がある

シハイスミレ　`3月下旬～4月中旬`
- 乾いた林縁や園路
- 「紫背」の名のとおり葉の裏が紫色

エイザンスミレ　`4月初旬～4月中旬`
- 日陰のやや湿った林内や林縁
- 三裂に切れ込みの入った葉が目印

ヒナスミレ　`3月中旬～4月上旬`
- 湿った林内や林縁
- 品のあるピンク色の花で斑入りの葉もある

ヒカゲスミレ　`3月下旬～4月中旬`
- 日陰の林内
- 葉が黒っぽく全体に毛が多い

アリアケスミレ　`3月下旬～5月上旬`
- 道路脇や砂利敷
- 花色に変化が多いが、園内では主に白花

森の7つ道具〈ピンセット〉

　小さな種子を扱ったり、植物の形態を観察したりと、指先ではできない細かな作業に欠かせない道具。植物や昆虫の標本づくりにも活躍します。より詳しく観察・記録し、身近な自然を知るのも楽しみの一つです。

森のサクラごよみ

　毎年桜前線の北上が話題になります。一方、定点で観察すると各種のサクラはほぼ開花の順序が決まっていて、早春のチョウジザクラからエドヒガン、ヤマザクラと進みます。『源氏物語・胡蝶の巻』に、六条院の中で「よそのサクラは散ったのに春の町だけまだ花盛りで」とあります。これは紫上（むらさきのうえ）という人が桜が好きで、自分の住んでいるところにいろいろな桜を植えて楽しんでいたという様子が書かれています。

エドヒガン
初春、葉前性といって葉の出る前に花が開く。サクラの代表のソメイヨシノの片方の親。

3月

4月

チョウジザクラ
早春の花。まだややかたい風の中に首をたれて淋しげにつつましく。

ヤマザクラ
ソメイヨシノに少し遅れて開花。赤みのある若葉と一緒。

ミヤマザクラ
深山（例えば赤城山の大沼ほどの高さ）に咲く。葉と花は一緒。

ウワミズザクラ
花の集合（花序）がふつうとちがって、白いブラシみたい。（総状花序）

5月

カスミザクラ
垂直分布は、ヤマザクラと下部で重なるが、花は少し後から咲く。

イヌザクラ
犬がつく植物名は64種ほど。似ている、つまらない、役に立たないなどの意。花はウワミズザクラに似るが目立たない。

森の落とし物

ルイスアシナガオトシブミ

　5月半ば、自然観察の森の駐車場をよく見ると、クルクル巻きになっている葉っぱがたくさん落ちています。ルイスアシナガオトシブミという1cmにも満たない甲虫の"仕業"です。しっかり巻いてある葉っぱをほどいてみたら、ありました。卵です。葉っぱはケヤキです。オトシブミは葉っぱの先端を少し巻いてから卵を一つ産み、そのあとまた器用に葉っぱを丸めていきます。卵からかえった幼虫はその葉っぱの内側を食べて成長します。オトシブミは葉っぱのゆりかごに守られて大きくなっていくんですね。

揺籃（ようらん）ってなあに？

　ゆりかごのことを「揺籃」といいます。オトシブミは揺籃を地面に落とす種類と落とさない種類がいます。巻き方もさまざまで、葉全体を使うものもいれば葉の一部分だけしか使わないものもいます。巻く葉もいろいろです。

駐車場の「落とし文」

ルイスアシナガオトシブミがケヤキの葉を巻く様子

①葉の付け根近くを少し切る
②折りくせをつけ二つ折りにする
③先端を少し巻き、穴をあけて卵を産む
④葉を巻きあげて揺籃を作るメス　付き添うオス
⑤揺籃を切り落とす

森で見られるオトシブミと揺籃

　オトシブミの観察は、観察路など林縁がおすすめ。小さな体でどうやって葉を巻いていくのか、じっくり見てみるのもおもしろい。葉が展開する春から初夏がねらい目です。

イタヤハマキチョッキリ
カエデの葉を重ねて大きな揺籃を作る

ヒメクロオトシブミ
コナラ、クヌギなどの葉を巻く。出現期間が長く、最も普通に見られる種

コブオトシブミ
上翅中央に一対のコブ。園路沿いのコアカソなどでよく見られる

ハギルリオトシブミ
ハギ、フジなどの葉を巻く。葉の縁を帯状に切って巻くのが特徴

森の7つ道具〈捕虫器（観察の森では「パッカ」と呼んでいます）〉

　バッタやカマキリなど草むらにいる昆虫を「パッカ」と捕らえて観察するのに便利な道具。空のペットボトルと厚紙で簡単に作ることができます。
　園内の生き物は観察を終えたら捕まえた場所に戻しましょう。

世界でここだけの花

カッコソウのくらし

カッコソウは、春の早い時期から葉を開くため、春に地面まで十分な光が届く落葉広葉樹林に生育していたと考えられています。

暖かくなると落ち葉の間から葉を広げ、5月頃ピンク色の花を咲かせる。

葉は大きく成長する。地下では、地下茎を伸ばしその先に新しい芽をつけ、これが成長し新しい個体となる（クローン成長）。

地上には何もなくなり、種や地下茎についた冬芽は落ち葉の下で春を待つ。

実った種は地面に落ちる。寒さが増してくると葉は枯れてなくなる。

花のひみつ

カッコソウの花には2タイプがあり、どちらの花を咲かせるかは個体のもつ遺伝子によって決まっています。種は、この異なるタイプの花の間で花粉が運ばれた時につくることができます。このため、カッコソウが種を作るためには、「花のタイプが異なる（遺伝子が異なる）株が一緒に咲いていること」、「花粉を運ぶ昆虫が花を訪れること」が必要です。

マルハナバチの仲間の女王などが、2つのタイプの花を行き来して花粉を運ぶ

種ができる受粉の組み合わせ

短花柱花（たんかちゅうか）
めしべが短く、おしべが上につく

長花柱花（ちょうかちゅうか）
めしべが長く、おしべが下につく

カッコソウは、花粉を運ぶ昆虫や昆虫に蜜を提供する植物など、多くの生き物とのつながりの中で生きています。そのため、生育環境の多様性を保つことが重要となります。カッコソウを守る活動は、市民や研究者などを中心に進められ自然観察の森も参加しています。園内には、カッコソウの移植地があり、春にはピンク色の花を見ることができます。

和名：カッコソウ（サクラソウ科）　学名：*Primula kisoana* var. *kisoana*
　　　　　　　　　国内希少野生動植物種（2012年種の保存法により指定）

　カッコソウは、世界で群馬県桐生市とみどり市周辺の山だけに分布するサクラソウ科の植物です。
　春に濃いピンク色の美しい花を咲かせ、かつては"斜面が一面ピンク色になった"といわれるほど、たくさん見られました。しかし、現在では山でその姿を見ることはほとんどなくなり、絶滅の危険性が高まっています。
　四国には見た目がよく似たシコクカッコソウが分布していますが、遺伝子の分析により別の植物であることが分かっています。

春の歌い手たち

　鳥は、恵まれた心肺機能を生かした飛ぶ力で、生活の場を選びます。春に日の光が強まって、気温が上昇、植物や昆虫が活発になると同時に鳥たちの暮らしも一変します。繁殖期に備え、より良い環境を求め移動が始まります。

クロツグミ　ヒタキ科　夏鳥

鳥はなぜ鳴くの？

　鳥の鳴き声は大きく分けて、「地鳴き」と「さえずり」があります。

　地鳴きは、一年を通して主となる鳴き声のことをいいます。さえずりはメロディーのある美しい歌声です。春の繁殖のための縄張りの主張やメスへの求愛のほか、季節を問わず機嫌がいい時も鳴いています。

ウグイス　ウグイス科　留鳥

見られる時期によってグループ分け

留鳥	1年中同じ場所に留まる鳥	ウグイス、ヒヨドリ、シジュウカラ、ヤマガラ、キジバト、ホオジロ、メジロなど
夏鳥	春に南方の越冬地から渡来して繁殖し、秋に再び南方に渡る鳥	オオルリ、キビタキ、クロツグミ、サシバ、サンコウチョウなど
冬鳥	秋に北方の繁殖地から渡来して越冬し、春に再び北方に渡る鳥	ジョウビタキ、ベニマシコ、シロハラ、ミヤマホオジロなど
漂鳥	山地や寒地で繁殖し、低地や暖地で越冬する国内レベルでの短い渡りをする鳥	ルリビタキ、アオジ、シメ、ミソサザイなど

森の春の鳥たち

　この季節にオオルリやクロツグミの美しい声が森中に響きます。その声を聴くために早朝の観察会も開催しています。

オオルリ　ヒタキ科　夏鳥
オスは、よく目立つ枝先に止まって響く声で気持ちよさそうに歌う

サンコウチョウ　カササギヒタキ科　夏鳥
リズミカルな「ホイホイホイ」の声で、南からの到着を知らせくれる

キビタキ　ヒタキ科　夏鳥
胸と背中の黄色と羽根の黒の対比が目立ち、一度見たら忘れない姿

ホトトギス　カッコウ科　夏鳥
夜も森から「トッキョ、キョ、キョ、キョ」の鳴き声が聞こえてくる

森でさえずり始めるおおよその順番

ウグイス→サシバ→センダイムシクイ・クロツグミ→オオルリ・キビタキ・ヤブサメ→サンコウチョウ→ホトトギス

森の７つ道具〈双眼鏡〉

　野鳥観察はもちろん、高い木の花や葉、木の実など、離れた場所の観察に欠かせません。野鳥観察には８〜10倍がおすすめ。自分に合った倍率や口径（大きさ）を選ぶ楽しみもあります。

春のいきもの図鑑

エドヒガンが咲く頃、ヘビやカエルは活動開始。スミレやヤマツツジなど可憐な花々が園路を彩ります。南からやってきた夏鳥たちは高らかにさえずり、アゲハが春風に舞います。ひと雨ごとに沢の水音が増し、萌黄色の新芽が山をみどりに染めていきます。

春

フタリシズカ　センリョウ科　30-60cm
林内に生える多年草。花には見えない白い丸いものが一つの花。花穂は2個とは限らず1～5個。

ホオノキ　モクレン科　30m程
落葉高木。花は直径15cmと大きいが葉も20-40cmと大きくて、落ち葉で遊べるみんなの人気者。

マムシグサ（総称）　サトイモ科　50-120cm
林床に生える多年草。名は偽茎の模様がマムシに似るため。栄養状態によって雌雄が決まる。実は有毒。

キンラン
ラン科
30-70cm
明るい落葉樹林内に生える多年草。菌根菌に依存しており環境が変化すると継続的な生育が難しい。

チゴユリ　イヌサフラン科　8-40cm
雑木林に多い多年草。直径2cm程の白い花を稚児に見立てた。花を咲かせるまで数年かかる。

ギンラン
ラン科
10-30cm
多年草。キンランと同じ環境に咲いていることが多い。1cm程の白い花は完全には開かない。

ウマノアシガタ　キンポウゲ科　30-120cm
日当たりのよい草地に生える多年草。黄色い花弁は光沢があり日の光にあたると輝く。

ヤブヘビイチゴ　バラ科　10-25cm
やぶや林縁などに生える多年草。園内ではヘビイチゴよりもよく見られ、実に光沢がある。

ニガイチゴ　バラ科　0.5-1m
林縁に生える落葉低木。直径2-2.5cmの白い花が上向きに咲き、6～7月頃に熟す赤い実は甘い。

ヤマブキ　バラ科　1-2m
沢沿いなどやや湿った場所に生える落葉低木。山吹色の蕾が黄色いソフトクリームのようでかわいい。

コゴメウツギ　バラ科　2.5m程
落葉低木。4-5mm程の小さな花をたくさんつけ、多くの昆虫が訪れる。

ミツバウツギ　ミツバウツギ科　1.5-3m
落葉小高木。名にウツギとつくが別の仲間。1枚の葉は3枚に分かれ、花はほのかに香る。

トチノキ　ムクロジ科　20-30m
落葉高木。20cm程になる花序は昆虫の蜜源となり木の下に立つと虫たちの羽音が聞こえる。

ワダソウ　ナデシコ科　10-20cm
林内や林縁に生える小さな多年草。直径1cm程の白い花をつけ葯は赤色で目立つ。

ヒメウツギ　アジサイ科　1.5m程
落葉低木。ウツギよりも早い時期に花が咲き、白い花にはたくさんの昆虫が吸蜜に訪れる。

春

サワフタギ　ハイノキ科　2-4m
沢沿いに生える落葉低木。7mm程の花がたくさん咲く。名は沢に蓋をしたように枝を広げるため。

ギンリョウソウ　ツツジ科　8-20cm
林内の腐葉土の上に生育。葉緑体を持たないため全体が白色。別名ユウレイタケ。

マルバアオダモ　モクセイ科　5-15m
日当たりのよい場所に生える落葉高木。白い花を多数つけ、雌雄異株で雄花と両性花がある。

キランソウ　シソ科　5-15cm(茎の長さ)
道ばたなどにも生える多年草。別名「ジゴクノカマノフタ」は根生葉が地面に広がっている姿から。

ヤマツツジ　ツツジ科　1-5m
明るい落葉樹林内に生える半落葉低木。朱色の花で春の山を彩る。園内で最も普通に見られるツツジの仲間。

フデリンドウ　リンドウ科　3-10cm
日当たりのよい場所に生える越年草。長さ2-2.5cm程の青紫色の花が密にかたまって咲く姿は花束のよう。

ジュウニヒトエ　シソ科　10-25cm
やや乾いた明るい林縁に生える多年草。花が重なって咲く様子を昔の衣装(十二単)に見立てた。

センボンヤリ　キク科　5-12cm
日当たりの良い落葉樹林下に生育する多年草。春と秋の2回花をつけ、秋の閉鎖花は槍のよう。

ノアザミ　キク科　50-100cm
草地に生える多年草。葉には鋭い棘が多い。開花したての花に触れると白い花粉がニューッと出る。

キツネアザミ
　キク科
　20-90cm
明るい草地や園路脇に生える二年草。アザミの花に似るが葉などに棘がない。

ニガナ
　キク科
　30cm程
日当たりの良い場所に生える多年草で木段脇にも生える。傷ついた茎や葉から苦みのある乳液がでる。

ハルジオン
　キク科
　30-100cm
北アメリカ原産の多年草。ヒメジョオンと似ているが、花期が早く葉の根元は茎を抱く。茎は中空。

ヤブジラミ
　セリ科
　30-70cm
園路脇で見られる越年草。長さ4mm程の実にはカギ状に曲がった棘毛があり動物などにくっつく。

ヤブデマリ　ガマズミ科　2-6m
湿った場所に多い落葉低木～小高木。中心部の小さな花が本当の花（両性花）で周りは白い装飾花。

ニワトコ　ガマズミ科　2-6m
林縁で見られる落葉低木～小高木。白い4mm程の花が多数咲き小さな昆虫がよく訪れる。

オトコヨウゾメ　ガマズミ科　1-3m
落葉樹林内や林縁に生育する落葉低木。白い小さな花は淡いピンク色を帯びることもあり可憐。

ツクバネウツギ　スイカズラ科　2m程
日当たりのよい林内や林縁に生える落葉低木。本種に似たオオツクバネウツギは萼片の1つが小さい。

スイカズラ　スイカズラ科　つる性
林縁に生えるつる植物。咲き始めの花は白色でしだいに黄色に変わることから別名「キンギンカ」。

コサナエ　サナエトンボ科　40-47mm
周囲に樹林のある池や湿地周辺で見られる。園内では4月上旬から羽化が始まる。

クロスジギンヤンマ　ヤンマ科　64-87mm
周囲に林のある池などに生息。オスは池の上を低く飛ぶ。メスは水面付近の植物に単独で産卵。

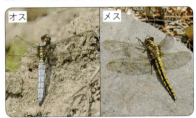
シオヤトンボ　トンボ科　36-49mm
園内では最も早く羽化するトンボ。4月上旬からセンター周辺の石の上などでも見られる。

タケウチトゲアワフキ　トゲアワフキ科　8mm程
成虫は、園内では5月上旬頃シナノキに発生する。背中の鋭い角と金色の翅がカッコイイ。

ニワハンミョウ　オサムシ科　15-19mm
観察の森のハンミョウといえば本種。体は赤銅色〜暗緑色。大きなあごと目、長い脚をもつ。

ジョウカイボン
　　ジョウカイボン科　14-18㎜
花の蜜などを好みマユミなどの花で観察されている。カミキリムシの仲間に似るが別の科。

イタドリハムシ
　　ハムシ科　7.5-9.5㎜
名の通りイタドリやスイバの葉で観察できる。黒にオレンジの模様は個体差がある。

ウマノオバチ
　　コマユバチ科　15-24㎜
メスは体長の6倍以上ある産卵管をもち、これを木にさしこみシロスジカミキリの幼虫に寄生する。

コマルハナバチ
　　ミツバチ科　10-21㎜
全身黄色く長い毛で覆われ小さいのがオス。働きバチや女王と体色が異なる。よく訪花する。

アオスジアゲハ
　　アゲハチョウ科　55-65㎜
黒い翅に水色の模様が美しい。花でよく吸蜜する。食草は主にクスノキだが園内ではシロダモ。

ミヤマカラスアゲハ
　　アゲハチョウ科　80-130㎜
翅の表は金属的な緑色を帯び美しい。オスは湿った場所に集まり吸水する。

キアゲハ
　　アゲハチョウ科　70-90㎜
アゲハより翅の色が黄色っぽく前翅の基部が黒くなる。食草はセリ科の植物。

ウスバシロチョウ
　　アゲハチョウ科　50-60㎜
ふわりと風にのって飛ぶ姿が印象的。成虫は春のみ見られ卵で越冬、2月頃ふ化した幼虫が見られる。

ツマキチョウ
　　シロチョウ科　45-50㎜
前翅の上部端がかぎ状に尖り、オスはその部分がオレンジ色。食草はアブラナ科の植物。

春

スジグロシロチョウ　シロチョウ科　50-60㎜
園内でよく見られる。翅表と裏面の翅脈が黒くすじに見える。食草はアブラナ科の植物。

ベニシジミ　シジミチョウ科　25-35㎜
明るい草地でよく見られる。翅のオレンジ色が際立つ小型のチョウ。食草はスイバなど。

マドガ　マドガ科　14-17㎜
日中に花に集まる。黒い翅に水玉の黄色と白の紋があり華やかな雰囲気。

シンジュサン　ヤママユガ科　110-140㎜
大型のガ。前翅が弓状になり模様が美しい。食草は主にシンジュだが園内ではカラスザンショウ。

コジュケイ　キジ科　27cm
ヒナを連れ群れでやぶの中を動き回る。「チョットコイ」と大きな声で鳴く。移入種。

ゴイサギ　サギ科　58cm
背中が青黒色で腹が白い。水辺でカエルや魚をじっと動かずに狙っている姿を見かける。

カワセミ　カワセミ科　17cm
水際の枝や杭にとまり魚を捕る。「チーッ」と甲高い声で鳴く。メスは下くちばしがやや赤い。

ツバメ　ツバメ科　17cm
夏鳥。額とのどは赤褐色。田や池から巣材となる泥をとり、その後ヒナを連れている姿が見られる。

キセキレイ　セキレイ科　20cm
体の腹側が黄色で識別しやすい。園路をチョコチョコ歩き、尾を上下に揺らす。

センダイムシクイ　ムシクイ科　12.5cm
夏鳥。「チヨチヨビー」と覚えやすいさえずり。頭の頭頂部に白っぽい頭央線がある。

ヤブサメ　ウグイス科　10.5cm
夏鳥。「シシシ」と虫のような声でさえずる。暗い所にいることが多く鳴き声は聞くが姿を見つけにくい。

ホオジロ　ホオジロ科　16.5cm
顔に白と黒の模様があり、腹は赤褐色で無斑。オス・メス一緒に見かけることが多い。

カワニナ　カワニナ科　1-3cm
淡水性の細長い巻貝で園内の沼や池で見られる。ゲンジボタルやヘイケボタルの幼虫が食べる。

大切な標本

　標本は生き物の個体を保存処理したものです。個体はその種の存在を示す証拠ですが、いつ、どこで、だれがとったというデータは標本についているラベルに書かれています。そのデータこそが標本の戸籍ともいえる大切なものです。

生き物移り変わり

　1989年の開園が決まった時に、毎週予定地の生き物調査を少しずつ始めていました。そんなある日、今のキアゲハの丘の観察舎があるところに（当時は道もありませんでした）座ってひと休みしていると、何かがガサガサと下から上ってきます。「ウサギかな？」と考えながら待っていました。すると茂みから登山道に顔を出した生き物はなんとイノシシでした。1988年3月3日、この日が初めてニホンイノシシの姿が自然観察の森で確認された日です。その後、ニホンジカがやってきて植物を食べ始め、ニホンザルも2000年7月12日に初めて確認しています。カエデの森にはニホンカモシカがやってきたこともありました。哺乳類の移動は日光や足尾などの北からの移動のようです。

ニホンイノシシ

ニホンザル

ニホンカモシカ

　昆虫では、1995年に桐生市内でクロコノマチョウが、2010年の夏にはナガサキアゲハが園内で採集され、ツマグロヒョウモンは、すでに普通種となっています。どれも九州や四国などの南方系のチョウで、それ以前の生息はありませんでした。食草の関係や地球温暖化が影響していると思われます。園内の調査は地味な仕事ですが、記録を積み上げていくことから分かるものが今後出てくると思われます。

ナガサキアゲハ

ツマグロヒョウモン

初夏
とびだす

森の木々は土と水を浄化し、虫がその森を守っている。初夏はそんな協働が目に見えるとき。雑木林には逃したくない驚きの連続がある。

あめんぼう掴みし水の大きな輪　邦子

ゼフィルスってなあに

クリの花に集まるアカシジミ

ギリシャ神話で「西風の神・ゼビィロス」を語源としています。ヨーロッパからヒマラヤ山脈を経て、日本まで生息しています。

自然観察の森では5月末から、寒冷地や高地では8月に見られるようになります。成虫の特徴としてオスは翅表に緑色の金属光沢をもつシジミチョウの仲間です。類似の生活史を持つ何種類かを加え、国内では現在25種類が知られています。

森のゼフィルス

ウラナミアカシジミ

観察の森では10種類のゼフィルスが確認されています。緑色光沢のミドリシジミは、6月初旬から姿を現します。ゼフィルスの観察は、朝夕が適していますが、昼間でもクリの花に訪れたり、下草に止まったりする姿なども見ることができます。

ミズイロオナガシジミ

ミドリシジミの一生

卵　　　　　　幼虫　　　　　　さなぎ　　　　　　成虫

森で確認されている ゼフィルスは10種類 <2018年11月現在>	1. オオミドリシジミ 2. ミドリシジミ 3. ウラクロシジミ 4. ウスイロオナガシジミ 5. ミズイロオナガシジミ	6. ウラキンシジミ 7. アカシジミ 8. ウラナミアカシジミ 9. ウラゴマダラシジミ 10. ウラミスジシジミ

初夏

小さな花がまとまって咲く木にはいろいろな虫が集まってきます

アオカミキリモドキの仲間

アサマイチモンジ

シナノキに集まる虫たち

シナノキの花は6月下旬から咲き始め、白い花にチョウや甲虫などがやってきて、羽音もにぎやかです。

リョウブに集まる虫たち

夏の盛りに咲くリョウブの花には、いろいろなハチやハナカミキリたちが集まってきます。

オオヨツスジハナカミキリ

トラマルハナバチ

アザミの仲間にもいろいろやってきます

クチナガガガンボ属の仲間

モンキチョウ

ヒラタアブの仲間

森の7つ道具〈カメラ〉

フィールド観察の最大の楽しみは実物を見ること。その観察を補う方法の一つが写真です。最近はスマートフォン付属のカメラもレンズを装着でき、撮影はより手軽になりました。観察日記、備忘録としても便利です。

ナナフシの七不思議

ナナフシモドキ（ナナフシ）は細長い体をしていて、前あしを真っすぐ前にのばすことができ、その姿は木の枝にそっくり。木の枝に似せて鳥などから身を守っています。植物の葉を食べる草食の昆虫です。

ナナフシモドキ　ナナフシ科

＜七つの不思議＞

①ナナフシの体のふしは７つなの？

②ナナフシのあしはとれたら、また生えてくるの？

③ナナフシは飛べないの？

④ナナフシが前あしを枝みたいに真っすぐにできるのはなぜ？

⑤ナナフシの卵はどんな形？

⑥ナナフシはメスしかいない種類もいるってホント？

⑦ナナフシはどうやって身を守っているの？毒でもあるの？

七つの不思議の答えは次ページです→

「擬態」って知ってる？

動物の中には、敵に見つかって食べられたりしないように、または食べ物となる生き物を捕まえるために、色や形を周りの物や他の動植物に似せるものがいます。このように他の物に色や姿を似せることを擬態といいます。擬態する動物はいろいろいますが、その中でも昆虫たちは特に擬態の名人です。一度見つけても目を離してしまうと、またどこにいるのか分からなくなることもあるくらい上手に化ける昆虫がたくさんいます。

キイロスズメバチ　スカシバガの仲間

危ないものに化けている生き物

ハチの仲間は毒針をもち攻撃するものもいます。そこで、針などの武器を持たないアブやカミキリムシ、ガなどの昆虫の中にはハチに化け、模様や形をハチに似せることで自分の身を守っているものもいます。

<七つの不思議の答え>

①漢字で「七節」ですが、「七」はたくさんのという意味で、ふしは7つ以上ある。

②成虫になると生えませんが、幼虫のうちは脱皮の時にあしが少しずつ生えてくる。

③トビナナフシの仲間などは翅があり、飛べるものもいる。

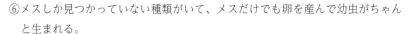

翅のあるトビナナフシ

④前あしの付け根は細く湾曲して、ちょうどそこに頭が入るため真っすぐにできる。

⑤卵はまるで植物の種のよう。鳥が食べても消化されずに糞（ふん）として遠くに運ばれる。

前あしがしまえます

⑥メスしか見つかっていない種類がいて、メスだけでも卵を産んで幼虫がちゃんと生まれる。

⑦アメリカの1種類だけ毒液を噴射するが、他は毒がなく、枝などに似せて鳥などから身を守る。

まだまだ森の中で「かくれんぼ」しているものがいるよ！

よく見ないとわからないものがたくさんいます。みんなで探しに行こう。

枯れ葉にそっくり
＜スミナガシのさなぎ＞

噛みとった葉の破片を体にくっつける
＜ニッコウフサヤガの幼虫＞

樹の幹に溶け込む
＜キシタバの仲間＞

木の枝に化ける
＜ヒメカギバアオシャクの幼虫＞

森の大切な仲間たち

　群馬県には8種類のヘビが生息していますが、その全てが自然観察の森で記録されています。8種類の中の2種類が毒を持っていて、園路から森への入り口にある危険な動植物ボードには、この2種類が掲示されています。ヘビというだけで敵視する人もいますが、自然の中ではちゃんと役割を持っている大切な生き物です。

森の食物連鎖

サシバ　タカ科　夏鳥
上空から聞こえてくる「ピックイー」の声は誰が聞いてもすぐ分かります。

シュレーゲルアオガエル

アオダイショウ

クロバエ科の仲間

ヘビも森の生き物として役割を持っています

　観察の森では、開園以来、太田市にある「日本蛇族学術研究所」の協力のもと、毎年ヘビの観察会を開催しています。研究所もヘビへの理解を深めてもらう啓発活動として、アオダイショウを実際にさわらせたり、ニホンマムシを近くで見せたりしています。園内では、ヤマカガシがアズマヒキガエルを捕食したり、イトトンボの沼でヒバカリがオタマジャクシを食べたりしているのを見かけます。ヘビは食物連鎖の一役を担う大切な生き物として、いつも紹介するように心がけています。

アズマヒキガエルをのみ込むヤマカガシ

タカチホヘビ＊　タカチホヘビ科　30-60㎝
鱗に真珠色の光沢があり美しい。夜行性のためほとんど見かけない。乾燥に弱くミミズを主食としている。

シマヘビ＊　ナミヘビ科　80-150㎝
眼の虹彩が赤く背中に4本の縦じまがある。主にカエル、他種のヘビやネズミ、小鳥などを食べる。

ジムグリ＊　ナミヘビ科　70-100㎝
頭の部分があまりくびれていないので、長い棒状にみえる。腹側に赤と黒の市松模様の柄があるものが多い。

アオダイショウ　ナミヘビ科　110-200㎝
観察の森で一番よく見るヘビ。石垣に抜け殻もある。幼蛇は、はしご模様を持ち、マムシに間違えられる。

シロマダラ　ナミヘビ科　30-70㎝
夜行性で見ることは少ないが、センター周辺の薪の間などで見かける。淡褐色に黒色の横斑が特徴的。

ヒバカリ＊　ナミヘビ科　40-60㎝
首の後ろの白いV字模様が目印。小型のおとなしいヘビ。カエルやオタマジャクシ、ミミズなどを食べる。

ヤマカガシ　ナミヘビ科　70-150㎝　**毒**
首のあたりに黄色の帯があり、幼蛇は特にそれが目立つ。少し前まで毒がないと思われていたが、首の背側に毒腺を持ち、刺激すると毒を飛ばす。また、口の奥の唾液腺の一つに強い毒があるので危険。

ニホンマムシ　クサリヘビ科　40-65㎝　**毒**
太く短くずんぐりし、背中に円形または楕円形の斑紋が左右一列に並んでいるのが特徴。カエル、ネズミ、他のヘビやトカゲを食べる。胎生で、8-10月に子ヘビを産む。注射針状の毒牙を持ち毒性は強い。

＊写真提供：日本蛇族学術研究所

イモムシ大変身

「イモムシ」ということばは、もともとサトイモにつくスズメガの幼虫のことを指していました。現在ではその意味が広がり、毛が目立たない幼虫全般の総称として使われるようになりました。チョウの幼虫の見栄えは一般的には気持ちよいという風には受けとられないことが多いようです。それでもよく見てみると、人間が設計して作り出すことができないような素晴らしい模様や色のデザイン、からだの仕組みなどがあるのに気づくことでしょう。

アゲハの成長

アゲハ　アゲハチョウ科　成虫

アゲハは、1年に4回も卵を産むので、成虫は春から秋の終わりの比較的長い間、都会から山地までの至るところで観察することができます。同じ仲間で翅の黄色みが強い「キアゲハ」に対して「ナミアゲハ」と呼ばれることもあります。幼虫は、カラタチやサンショウ、あるいは柑橘系の植物の葉を食草としています。人間がかまうと幼虫は黄色い臭角を出し、くさいにおいを振りまきます。5齢幼虫になると緑色になりますが、それまではまるで鳥の糞のような感じです。

食草・食樹

チョウの幼虫はきわめて偏食で、決まった植物しか食べません。アゲハ、カラスアゲハ、ミヤマカラスアゲハなどは柑橘系のサンショウやミカン、カラスザンショウ、キハダなどの葉を食べます。また、同じアゲハの仲間でも、キアゲハはニンジンやパセリ、アオスジアゲハはクスノキといったように別の葉を食べるものもいます。メスの成虫は、前あしに食草を感じ取る器官を持っていて、間違うことなく食草に産卵し、子孫を残せるようにしています。

アゲハの食樹　サンショウ　ミ*

| 食草・食樹 | イモムシ |

アワブキ　アワブキ科

アオバセセリ　セセリチョウ科

スミナガシ　タテハチョウ科

エノキ　アサ科

オオムラサキ　タテハチョウ科　ゴマダラチョウ　タテハチョウ科

カラムシ　イラクサ科

アカタテハ　タテハチョウ科　フクラスズメ　ヤガ科

ウマノスズクサ　ウマノスズクサ科

花

ジャコウアゲハ　アゲハチョウ科

初夏のいきもの図鑑

爽やかな風が森を通り抜けます。つがいの鳥たちは子育てに忙しく、虫たちと生き残りをかけた真剣勝負。巣立ちしたヒナを連れた鳥たちにもしばしば出会います。木々の白い花はこぼれんばかりに咲き、ハナムグリやチョウが集まります。

ドクダミ　ドクダミ科　30-50cm
園路脇に普通に生える多年草。ハート型の葉が特徴。葉を指でこすると独特の強い匂いがする。

クモキリソウ
　ラン科
　10-20cm（花茎）
林内に生える多年草。葉の縁がフリルのように波打つ。花が淡緑色であまり目立たない。

ノカンゾウ　ススキノキ科　50-70cm
やや湿ったところに多い多年草。花弁は6枚で一重。花は一日でしぼむが次々に新しい花が咲く。

ヤブカンゾウ　ススキノキ科　50-100cm
草地に生える多年草。ノカンゾウに似ているがおしべが花びらに変化して八重咲きになる。

ヒメヤブラン
　クサスギカズラ科
　10-15cm（花茎）
日当たりの良い場所に生える多年草。淡紫色の小さな花は目立たないがよく見ると可憐。

ツユクサ　ツユクサ科　20-50cm
園路脇などに普通に生える一年草だが、良く見ると青い花弁と黄色いおしべの対比が美しい。

シロバナカザグルマ　キンポウゲ科　つる性
林縁に生える木本性のつる植物。直径10cm程の花は白または淡紫色で、園内は白花のみ。

チダケサシ　ユキノシタ科
40-80cm（花茎）
園内のやや湿った場所に生える多年草。細かく分かれた葉とピンクの小さな花が繊細で美しい。

ネムノキ　マメ科　10m以上
落葉高木。花の目立っているピンク色の部分はおしべ。葉は夕方になると閉じる（就眠運動）。

ジャケツイバラ　マメ科　つる性
枝に鋭い棘があるつる性落葉低木。直径2.5-3cm程の黄色い花が集まって咲く。

ナンテンハギ　マメ科　50-100cm
園内で普通に見られる多年草。小葉は2枚。鮮やかな紅紫色の花が多数集まって咲く。

タカトウダイ　トウダイグサ科　30-80cm
山地に生える多年草。茎の先に5枚の葉が輪生し、そこから杯状花序という特殊な花序を出す。

ノイバラ　バラ科　2m程
林縁に生える落葉低木。木を覆うように咲く白い花は良い香りがする。実は秋に赤く熟し甘い。

ミゾソバ　タデ科　30-100cm
水辺に生える一年草。葉の形が牛の顔に似ることから別名「ウシノヒタイ」。花は小さいが美しい。

初夏

53

ミズヒキ　タデ科　40-80cm
多年草。赤と白の小さな花がまばらにつき、種はカギ状に曲がった花柱が残り動物にくっつき散布。

クマノミズキ　ミズキ科　8-12m
落葉高木。類似種のミズキは葉が互生するが、本種は対生し開花が1か月程遅い。実は鳥が好んで食べる。

ヤマボウシ　ミズキ科　5-10m
落葉高木。白い花びらに見えるのは花びらではなく総苞、真ん中に花のたくさん集まった花序がある。

ウリノキ　ミズキ科　3m
落葉低木。くるっと巻きあがった花弁とおしべが特徴的。葉の形がウリの葉に似ている。

コアジサイ　アジサイ科　1-1.5m
林内や林縁に生える落葉低木。淡青色の花はほのかに香る。晩秋、葉が淡黄色に色づき森を彩る。

ウツギ　アジサイ科　2-4m
落葉低木。枝は後に中空になりウツギ(空木)はここから。白い花が下向きにたくさん咲く。

キツリフネ　ツリフネソウ科　40-80cm
山地の湿った場所に生える一年草。全体無毛で花はツリフネソウより早い時期に咲く。

オカトラノオ　サクラソウ科　60-100cm
日当たりのよい草地に生える多年草。長く伸びた花序を虎の尾に見立てた。花には昆虫が訪れる。

ナツツバキ　ツバキ科　15m程
林内に生える落葉高木。白い花は直径6cm以上あり縁がフリルのように波打つ。

オオバアサガラ　エゴノキ科　8-10m
沢沿いに生える落葉小高木。白い花序が下向きに咲く。現在はシカが食べないため増加傾向にある。

エゴノキ　エゴノキ科　7-8m
落葉樹林内や沢沿いに見られる落葉小高木。白く下向きに咲く花は清楚。種子はヤマガラの好物。

サルナシ　マタタビ科　つる性
林縁に生える落葉つる性木本。花は直径1.5cm程。実はキウイフルーツに似てほ乳類がよく食べる。

アブラツツジ　ツツジ科　1-3m
やや乾いた場所に生える落葉低木。葉裏は光沢があり、5mm程の壺形の花を咲かせる。紅葉も美しい。

イチヤクソウ
ツツジ科
15-25cm(花茎)
落葉樹林内に生える常緑の多年草。花期になると花茎が立ち3-10個の白い花をつける。

ネジキ　ツツジ科　3-7m
尾根などに生える落葉小高木。長さ1cm程の細長い壺形の花が並ぶ。名は幹がねじれることから。

初夏

タツナミソウ　シソ科　20-40cm
やや暗い場所に生える多年草。名は花の咲く様子を波に見立てたもの。紫色の波が美しい。

サワギク　キク科　30-100cm
やや湿った林内に咲く擬似一年草。葉の切れ込みは深く全体にはかなげな印象がある。

ミヤマタムラソウ
シソ科　25-70cm
山の林内に生える多年草。花は白に近い淡紫色で長い毛がある。

ミゾカクシ
キキョウ科　10-15cm
田の畔など湿った場所に生える多年草。花の裂片が片側だけにつき特徴的な形をしている。

ヤマホタルブクロ
キキョウ科　30-60cm
山地に生える多年草。園内にも生育するホタルブクロに似るが、萼片の湾入部がふくらむ。

コブハサミムシ
クギヌキハサミムシ科　15-25mm
名前のとおり、腹の先に動くハサミを持つ。越冬中に石の下などで産卵する。

ヒメホシカメムシ
オオホシカメムシ科　12-13mm
赤褐色に丸い黒い紋が特徴。背面にはビロード状の毛がある。アカメガシワやクワなどに多い。

ホシアワフキ
アワフキムシ科　13-14mm
前翅の中央に黒い点が並ぶことから名が付いた。イネ科の仲間で見られることが多い。

ヒメカマキリモドキ　カマキリモドキ科　23-24㎜
カマキリのようなカマ状の前脚を持ち、これで獲物を捕らえるが、カマキリの仲間ではない。

ツノトンボ
ツノトンボ科
63-75㎜
トンボによく似ているが触角が長く先端は玉状。林縁の草地や灯火に集まる。卵は列に並ぶ。

セマダラコガネ　コガネムシ科　8-13.5㎜
広葉樹の葉の上でよく見かけるほか、明かりにも飛来する。斑紋は個体差がある。

ヒメトラハナムグリ　コガネムシ科　9-12㎜
黄褐色と黒色の縞模様で、全身長い毛に覆われているハナムグリ。よく花に訪れる。

コアオハナムグリ　コガネムシ科　10-14㎜
花で蜜や花粉を食べる姿がよく観察される。体は緑色で白い斑紋があり背面全体に毛が生えている。

オオトラフハナムグリ　コガネムシ科　12-16㎜
山地性で花に集まる。オスの模様が特徴的。触ると落ちるが飛んでいってしまうこともある。

ヤハズカミキリ　カミキリムシ科　12.5-24㎜
広葉樹の枯れ葉を食べる。前翅の中央に黒帯があり先端が尖り、体色はピンクがかり意外と美しい。

エグリトラカミキリ　カミキリムシ科　9-14㎜
成虫は花に集まるほか、枯れ木や伐採木に飛来する。園内では薪置き場でもよく見られる。

キイロトラカミキリ　カミキリムシ科　13-19㎜
黄色に黒の模様が目立つ。広葉樹の倒木や伐採木に集まり、園内の薪置き場でよく観察される。

ホタルカミキリ　カミキリムシ科　7-10㎜
花にも集まるほか、広葉樹の枯れ木や伐採木に集まる。名のとおり体色がホタルに似る。

ヘリグロベニカミキリ　カミキリムシ科　13.5-19㎜
胸と翅が赤色で黒い点がある。前翅に1対の黒点があるのが特徴。成虫は花に集まる。

アカガネサルハムシ　ハムシ科　5.5-7.5㎜
赤銅色の金属光沢をしたかっこいいハムシ。ブドウの仲間の葉に集まっていることが多い。

イチモンジカメノコハムシ　ハムシ科　7.5-8.5㎜
透明な殻をかぶっているようなハムシ。ムラサキシキブなどが食草。幼虫は脱皮殻を背負っている。

シロコブゾウムシ　ゾウムシ科　13-15㎜
名のとおり、前翅の後ろにコブがある大型のゾウムシ。ハギ類やフジ類のマメ科の植物を好む。

コフキゾウムシ　ゾウムシ科　3.6-7.5㎜
草地で見られ葉の上にいることが多い。体色は黒だが、淡緑色の毛があり全身淡緑色に見える。

オオゾウムシ　オサゾウムシ科　12-29㎜
観察の森では最も大きいゾウムシ。明かりにも集まり、建物内で見つけることも多い。

キムネクマバチ　ミツバチ科　約23㎜
別名クマバチ。花に集まり枯れ枝などに穴をあけて巣を作る。オスの頭楯は黄色くメスは黒い。

シリアゲムシの仲間　シリアゲムシ科
この仲間はよく見る昆虫だが、交尾の際にオスがメスに贈り物をするという面白い習性をもつ。

シロシタホタルガ　マダラガ科　30-45㎜
成虫は大きくはないが赤い頭が目立つ。食草は主にサワフタギで初夏によく観察できる。

コムラサキ　タテハチョウ科　55-70㎜
オスの翅の表面は光の加減で紫色に美しく輝く。食草はヤナギ類の葉。

サカハチチョウ　タテハチョウ科　35-45㎜
山地で見られる小型のチョウ。春型は赤い網目模様、夏型は白い帯状の模様が1本あり、模様が全く違う。

オオミズアオ　ヤママユガ科　80-120㎜
ライトトラップの際によく見られる。翅は淡い緑色で前翅の縁と脚がえんじ色。

名物レンジャー

自然観察の森には、ボランティアのレンジャーが50人ほどいますが、その中でもだれもが知っているベテラン4人の人気レンジャーをご紹介します。

横倉道雄さん

クワガタムシ、カブトムシのことに関しては、飼育も繁殖もお手のもの。本人曰く「硬い虫＝甲虫が大好き」とのこと。でも、ほかの虫も詳しく、手先も器用で昆虫標本の作製も手掛けています。観察道具も考案し、作製しています。
(p.29「パッカ」も横倉さん考案)

山岸正子さん

小枝やわら、落ち葉や木の実などを使って、どんどん作品を作っていくのは天才的。その発想と工夫にはいつも驚かされます。友の会の行事のわら細工などでも大活躍。純粋に生き物と向き合い、とことん追求していく姿には脱帽です。

新井茂子さん

明るく、だれにでも声をかけていく積極派です。茂子さんの声掛けによって自然観察の森の活動にさそわれた人も何人かいますが、今ではそのご縁で、森の植物標本の作製や整理を楽しみにしている「金曜植物クラブ」(p.93) ができています。いつも乙女心を忘れない楽しい女性です。

安達登美子さん

虫好きおばさんそのもの。昆虫の飼育も人並み外れています。分からない卵を持ち帰って成虫にして、その発生や羽化を写真に撮るために夜中までずっと観察します。カネタタキを秋遅くまで飼っていて、死んでしまったら「気持ちが落ち込んだ」と電話してくるほど、とにかく虫への興味と愛情は尽きないのです。今はアブラムシがマイブームのようです。

夏
にぎわう

梅雨は夏のプロローグだ。千姿万態の雲、ひときわ豊かな水辺の表情、突然明けて降りそそぐ日の光。主役が次々入れ替わる。

森濡れてをり黒揚羽濡れてをり 舞子

樹液に集まる虫たち

昼 / Daytime

オオムラサキのオスの翅は青紫色に輝き、とても美しい大きなチョウです。
メスはオスより大きく、青紫色の部分はありません。成虫は夏に雑木林を飛び、樹液によく集まります。
日本の国蝶に指定され、幼虫はエノキの葉を食べて育ちます。

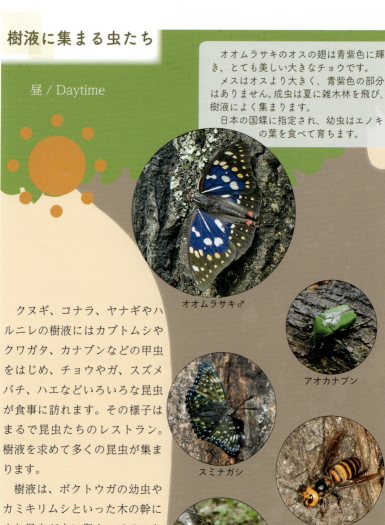

オオムラサキ♂

アオカナブン

スミナガシ

オオスズメバチ

ミヤマクワガタ

　クヌギ、コナラ、ヤナギやハルニレの樹液にはカブトムシやクワガタ、カナブンなどの甲虫をはじめ、チョウやガ、スズメバチ、ハエなどいろいろな昆虫が食事に訪れます。その様子はまるで昆虫たちのレストラン。樹液を求めて多くの昆虫が集まります。

　樹液は、ボクトウガの幼虫やカミキリムシといった木の幹にすむ昆虫が木に傷をつけることにより出てきます。その樹液が発酵すると酸っぱいにおいとなり、そのにおいにさそわれてより多くの昆虫たちがやってきます。

夜 / Night

ヘビトンボ

フクラスズメ

キシタバの仲間

シロスジカミキリ

ノコギリクワガタ

カブトムシ

樹液に集まる昆虫たちを一日中観察してみると、昼に来ている昆虫と夜に来る昆虫では違いがあることが分かります。昼の樹液に集まる昆虫は、オオムラサキなどのチョウやスズメバチ、カナブンといった昆虫が多いのに対し、夜の樹液にはカブトムシやクワガタ、カミキリムシなどの甲虫、ガ、ヘビトンボといった昆虫がよく集まります。

セミの季節がやってきた

　春が来た、夏が来る。5月のハルゼミから10月までにぎやかなセミの声が聞こえるうれしい季節がやってきます。日本には31種類のセミがいますが、その中で自然観察の森でよく観察される代表6種類を見ていきましょう。セミは、口が管状になっているカメムシの仲間です。メスは枯れた枝などに2mmくらいの卵を200～300個産卵します。生まれた1齢幼虫は、すぐに土の中に入り根から樹液を吸って成長し、4～5年で5齢の終齢幼虫となります。

アブラゼミの羽化

　終齢幼虫は5～12cmのたて坑道を掘って羽化の準備をします。薄い天井部をやぶって土中に別れを告げ、樹の幹や枝葉で羽化。4～5時間かけてやっと飛べるようになります。羽化は主に外敵からねらわれにくい夜に行われます。

翅と体に色がつき体がかたまるといよいよ飛び立つ

穴からのぞく　　木を登っていく　　背中が割れた　　翅が伸びてきた

ハルゼミ

5月　32-36mm

一番早い時期に松林で午前中「ギーッ、ギーッ」と天気の良い日にだけ鳴く。あまり声はよくない。

ニイニイゼミ

6～9月初旬　32-40mm

樹の幹とよく似ていて見つけにくい。一日中「チーーー」と鳴く。抜け殻には泥がついている。

ヒグラシ

7～9月　41-50mm

早朝と夕方、「カナカナカナ」と一斉に鳴く。なんとなく涼しく感じる。

アブラゼミ

7～9月　53-60mm

一番身近なセミ。日本全国で暑い日の午後に、「ギー、ジー」と油で揚げているような声で鳴く。

ミンミンゼミ

7～10月　55-63mm

アブラゼミより遅く出てきて、「ミーンミンミンミー」と朝から大声で鳴く。山地性で1回鳴くごとに移動する。

ツクツクボウシ

8～10月　41-47mm

名前のように「オーシンツクツク」とリズムよく鳴く。このセミの声で夏も終わり、秋を感じる。

森の水辺めぐり

ヘイケボタル

ヘイケボタル　♀ 10mm　♂ 8mm
【生活の場所】　たまっている水辺
　　　　　　　（池、沼、田んぼ、湿地など）
【食べ物】　　　タニシ、モノアラガイその他の巻き貝
【羽化の時期】　6月～8月
　　　　　　　（長期間にわたり、順々に羽化する）
【背中の模様】　赤い背中に、縦に1本の黒い筋
【光り方】　　　小さい光で、チカチカと早く点滅する
【光の色】　　　ゲンジボタルより淡く、白っぽい

水辺を飛ぶヘイケボタル

ゲンジボタル　♀ 20mm　♂ 15mm
【生活の場所】　流れている水辺（きれいな川の岸）
【食べ物】　　　カワニナなど
【羽化の時期】　5月下旬～6月（短期間に集中）
【背中の模様】　赤い背中に、十文字の黒い模様
【光り方】　　　強い光で、ゆっくり点滅する
【光の色】　　　ヘイケボタルより明るく、黄色っぽい

ゲンジボタル

森の水辺

　自然観察の森の沼や池は、山に囲まれた地形を生かして、沢の水を利用しています。一年中水が絶えることなく、水際の軟らかな土にはたくさんの草が茂り、水中から岸辺、周辺の木々から広い空間へとつながっています。その水辺には、水生昆虫をはじめ多くの生き物が暮らしています。夏の夜に飛ぶホタルも幼虫時代は水の中で過ごし、さなぎになる時には上陸して土の中に繭をつくります。

イトトンボの沼

ここはイトトンボの沼。
さくらのみちを通って、少し森の奥へ歩いてきました。
木々に囲まれた沼の底には落ち葉が沈んでいます。流れ込んだ水がたまり、空の映った水面に何か動いています。

イトトンボの仲間（ヤゴ）
アカハライモリ
スジエビ

オオアメンボ
マツモムシ

夏

カワゲラの仲間（幼虫）
サワガニ
プラナリア
ヘビトンボ（幼虫）

オニヤンマ（ヤゴ）

サワガニの沢

ここはサワガニの沢。
夏の森で一番涼しい所です。
晴れの日が続くと水はちょろちょろ、雨が降った後はごうごう音を立てて流れます。底には石や小さな砂利が見えます。
流れに手を入れてみると…びっくりするほど冷たい水です。

森の7つ道具〈ザル〉

水辺の観察に持っていきたい道具。水底の砂や砂利ごとすくい上げ、その中に潜む生き物を探します。水辺以外では種子選別など植生調査に用いることも。身近な道具はアイデア次第で活躍の場が広がります。

67

夏のいきものの図鑑

蝉時雨(せみしぐれ)の中、日差しを避け木かげに一歩入ると暑さがやわらぎます。クヌギやハルニレの樹液にはカブトムシやオオムラサキが集まっています。水音に誘われて沢におりるとサワガニがこちらを見上げ、沼ではアメンボが水面を揺らします。

ノギラン キンコウカ科 20-50cm（花茎）
林内の園路脇の斜面などで見られる多年草。花序は小さな花を多数つけブラシのように見える。

ヤマユリ　ユリ科　100-150cm
山地や丘陵に生える多年草。直径20cm程の大輪の花を咲かせる。園内では近年少なくなっている。

ミヤマウズラ ラン科 12-25cm（花茎）
山地の林内に生える多年草。葉に斑紋があり花に毛がある。

キツネノカミソリ ヒガンバナ科 30-60cm（花茎）
やや湿った場所に生える多年草。早春にでた葉が枯れ、その後花茎が伸びて8月頃花を咲かせる。

コバギボウシ クサスギカズラ科 30-45cm（花茎）
日当たりの良いやや湿った場所に生える多年草。葉が小型で細長く花の内側に濃紫色のすじがある。

ヤブラン　クサスギカズラ科　30-60cm
林下の園路沿いに生える多年草。ヒメヤブランより大型で花もブラシ状にたくさんつき葉幅も広い。

センニンソウ　キンポウゲ科　つる性
日当たりの良い場所に生える木本性のつる植物。2-3cmの白い花をたくさん咲かせるのでよく目立つ。

ヤブカラシ　ブドウ科　つる性
つる性の多年草。やぶを覆って枯らす程繁茂する。花は目立たないが蜜があり多くの昆虫が集まる。

ヌスビトハギ　マメ科　30-120cm
多年草。5mm程の小さな花が花火のように咲く。名は果実の形が忍び足で歩く足の形に似るとの説あり。

カラスウリ　ウリ科　つる性
やぶに生えるつる性の多年草。夜に白く美しい花を咲かすが夜明け前にはしぼむ。赤い実は晩秋の森でよく目立つ。種の形が結び文に似ているというが、カマキリの顔にも見える。

ミズタマソウ
アカバナ科
20-60cm
やや暗い場所に生える多年草。果実に毛が密生しており、水滴がたまる様子はまさに「ミズタマ」。

アマチャヅル
ウリ科
つる性
やぶなどに多いつる性の多年草。花が半透明の淡緑色の星型で小さいがよく見ると美しい。葉に甘みがある。

マツカゼソウ　ミカン科　50-80cm
林縁などに生える多年草。全体的に毛がなく葉は薄く柔らかい。葉をこすると強い匂いがある。

イヌタデ　タデ科　20-60cm
草地に生える一年草。花は小さく花のあとも残って実を包むため、咲き終わりが分かりにくい。

フシグロセンノウ
　ナデシコ科
　50-80cm
多年草。暗い林内で朱色の大きな花が咲くと浮き上がるように目立ち美しい。茎の節々が黒い。

タマアジサイ　アジサイ科　2m程
沢沿いなどに生える落葉低木。名は蕾が球形をしていることから。花序は直径15cm程で目立つ。

キツネノマゴ　キツネノマゴ科　10-40cm
園路沿いに多い一年草。7㎜程の小さな花だがハチの仲間などが訪花している姿をよく見かける。

ツリガネニンジン
　キキョウ科
　20-100cm
林縁などに生える多年草。釣り鐘そっくりの花が輪生して咲く。薄紫色の花が風に吹かれる姿は爽やか。

ナガバノコウヤボウキ　キク科　50-100cm
乾燥した尾根沿いなどに生える落葉小低木。クルクルとカールしたリボンのような花が美しい。

ノハラアザミ
　キク科
　30-100cm
山野に生える多年草。様々な昆虫が吸蜜に集まる。春に咲くノアザミと違い総苞は粘らない。

シラヤマギク　キク科　100-150cm
園路沿いで見られる多年草。園内で野菊の仲間は数種あるが、本種は根生葉がハート型で特徴的。

ガンクビソウ
キク科
25-100cm
やや暗い場所に生える多年草。名は8mm程の花の形がキセルの雁首に似ることから。

オトコエシ
スイカズラ科
60-100cm
日当たりの良い場所に生える多年草。直径4mm程の小さな花が集まって咲く。秋の七草のオミナエシの仲間。

ノダケ　セリ科　80-150cm
山野に生える多年草。暗紫色の小さな花にはスズメバチなどの昆虫が訪花している姿を見る。

モノサシトンボ　モノサシトンボ科　38-51mm
周囲に樹林のある池や湿地の周辺で見られる。腹部に定規のような紋があることから名がついた。

ミヤマカワトンボ　カワトンボ科　63-80mm
樹林に囲まれた沢沿いに生息。大形で赤褐色の翅を持ち、オスの体は緑色、メスは銅色を帯びる。

コオニヤンマ　サナエトンボ科　75-93mm
周囲に樹林のある沢沿いやセンター周辺でも見られる。長い脚を生かしてトンボなどを捕食する。

オニヤンマ
オニヤンマ科
82-114mm
沢や湿地の周辺で見られる大型のトンボ。オスは流れの上を往復飛翔する。メスは流れで体を立てて産卵する。

ヤブヤンマ
ヤンマ科
79-93mm
樹林に囲まれた池や湿地に生息。オスの顔面は水色になる。メスは岸辺の泥や朽木に産卵する。

タカネトンボ
エゾトンボ科 53-65㎜

体は深緑の金属光沢がある。オスは木陰の多い池などで岸に沿って飛翔し、縄張り占有する。

シオカラトンボ
トンボ科 47-61㎜

池や湿地、水田などの周辺で見られる。成熟オスは水辺に静止して縄張り占有する。

オオシオカラトンボ
トンボ科 49-61㎜

周囲に樹林のある水田や湿地・池などに生息。シオカラトンボよりやや大きく体は太め。

アカハネナガウンカ
ハネナガウンカ科 9-10㎜

オレンジ色の小さな体にギョロリと大きな目。体より長い翅を持ち、触るとピョンとはねる。

ウスバカゲロウの仲間
ウスバカゲロウ科 75-85㎜(開張)

幼虫は「アリジゴク」として知られ、園路沿いの雨の当たらない砂地にすり鉢状の巣を作っている。

アオオサムシ
オサムシ科 22-33㎜

体は金属光沢があり、動物の死骸などを食べる。園路を素早く歩いている姿をよく見かける。

クロボシヒラタシデムシ
シデムシ科 10-15㎜

死骸や糞などに集まる森の分解者。前胸背が赤く中央にある4つの黒点が特徴。

コクワガタ　クワガタムシ科
♂ 17-54㎜　♀ 22-33㎜

落葉樹林内の樹液などでよく見かける。オスは大あごの形、メスは前翅のすじの有無などで見分ける。

オオセンチコガネ
センチコガネ科 17-24㎜

金属光沢のある赤紫色が美しい。よく飛び動物の糞に集まる。近年、園内で増えている。

マメコガネ　コガネムシ科　9-13㎜
花に集まり1か所に複数個体いることも多い。後脚をピンと伸ばしている姿をよく見かける。

カナブン　コガネムシ科　22-30㎜
広葉樹の樹液に集まり、金属光沢の緑色〜銅色。他のカナブンと見られることも多い。

マスダクロホシタマムシ　タマムシ科　7-13㎜
体色は光の加減で金色〜橙色に変化し美しい小型のタマムシ。スギなどの樹皮下に産卵する。

ヤマトタマムシ　タマムシ科　25-40㎜
全体が緑色の金属光沢をしており2本の赤い縦縞が美しい。エノキの葉などを好み、日中エノキ周辺を飛んでいる姿を見かける。体を立てて飛ぶ姿が特徴的で遠目でもすぐ見分けられる。

サビキコリ　コメツキムシ科　12-16㎜
広葉樹の葉の上で見られる。全体的にザラザラしていて光沢はない。

ヨツボシケシキスイ　ケシキスイ科　4-20㎜
クヌギやコナラなどの樹液でよく見られる。黒色の体色に赤い紋が4つある。

ヨツボシオオキスイ　オオキスイムシ科　11-15㎜
樹液に日中集まっている姿をよく見られる。前翅に4つの黄色い紋がある。

キマダラミヤマカミキリ　カミキリムシ科　22-35㎜
昼間花などで見るほか夜は明かりに来る。体は黄色の微毛がありビロード状で斑模様に見える。

夏

ノコギリカミキリ
　　カミキリムシ科　23-48㎜

触角がノコギリ状になっている大型のカミキリムシ。捕えるとギーギーと音を出す。

ルリボシカミキリ
　　カミキリムシ科　14-29㎜

鮮やかなルリ色が目を引く。園内では、薪置き場や樹液で観察されることが多い。

アオスジカミキリ
　　カミキリムシ科　15-35㎜

ネムノキの衰弱木や枯れ木などに集まる。前翅の金属光沢のある深緑帯が美しい。

チャイロスズメバチ
　　スズメバチ科　17-21㎜

キイロスズメバチやモンスズメバチなどの巣を乗っ取る。園内では近年増えている。

ミカドガガンボ
　　ガガンボ科　30-38㎜

日本最大のガガンボ。長い脚と翅を持ち翅を広げると8cm程もある。幼虫は沢近くの砂礫に生息。

シオヤアブ
　　ムシヒキアブ科　22-30㎜

甲虫などの昆虫を捕食する。オスの腹部先端の白色の毛が目立つ。

ミドリヒョウモン
　　タテハチョウ科　65-80㎜

オスは前翅表面に太い横線がある。類似種との見分けは後翅裏面の模様に注目。白いすじがある。

クロヒカゲ
　　タテハチョウ科　45-55㎜

雑木林でよく見る。眼のような模様があり、翅の色は黒っぽい。

サトキマダラヒカゲ
　　タテハチョウ科　50-64㎜

樹液に集まっている姿をよく見かける。よく似たヤマキマダラヒカゲとは見分けが難しい。

ヒメウラナミジャノメ　タテハチョウ科　30-40mm

裏面の細かい波模様と後翅の5つ以上ある蛇の目模様が特徴。落ち着きなく飛び回り花に訪れる。

アゲハモドキ　アゲハモドキガ科　55-60mm

ジャコウアゲハなどにそっくり。違いは少し小型で触角の先端がこん棒状でないこと。

カノコガ　ヒトリガ科　30-37mm

翅の鹿の子模様が特徴。日中飛ぶが葉の裏にとまっていることも多い。腹に黄色の帯がある。

オナガグモ　ヒメグモ科
♀ 20-30mm　♂ 12-25mm

動かないと松葉のように見える。糸を引いただけの条網の途中で待ち伏せし、伝って来たクモを食べる。

ヤマシロオニグモ　コガネグモ科
♀ 12-17mm　♂ 8-10mm

夕方から大きな丸い網を張る。オオムラサキの森周辺でよく見られたが、近年はあまり見かけなくなった。

ワキグロサツマノミダマシ
コガネグモ科　♀ 7-10mm　♂ 6-8mm

日が暮れると大急ぎで網を張り、30分足らずで完成させてしまう。昼間は葉裏などで休む。

トゲグモ　コガネグモ科
♀ 6-8mm　♂ 3-4mm

腹部が箱形で、固い突起(トゲ)のある白黒模様のクモ。園内ではあかまつのみちで確認。(分布は局所的)

ガザミグモ　カニグモ科
♀ 8.5-12mm　♂ 4-5.5mm

網は張らず、極端に長い第1・2脚を広げて獲物を待つ。山地性のクモ。腹部の角張った形が特徴的。

アリグモ　ハエトリグモ科
♀ 7-8mm　♂ 5-6mm

アリにそっくりで、腹部にくびれまであるがクモ。トチノキの幹やシナノキなどの葉の上で見られる。

外来生物

　現在、環境省指定の特定外来種のうち自然観察の森で確認されているものは、カオジロガビチョウ、ガビチョウ、ソウシチョウです。鳥や獣は容易に捕獲で

カオジロガビチョウ

ガビチョウ

ソウシチョウ

きないので、駆除も難しいところです。1989年の開園当初、造成の際の重機にくっついて入ってきたと思われるアレチウリ（特定外来種）がカワセミの池周辺に繁茂しかかったことがありました。しかし、レンジャーのたゆまぬ努力によって駆除され、それ以来園内では見たことがありません。初動が肝心なのかもしれません。なかなか積極的な駆除まで手が回らない状況ですが、在来種の生息域を乗っ取られないためにも対策を考えていかなければなりません。実際にガビチョウが季節構わず大きな声でオオルリやキビタキをまねて鳴いていると、鳴き声の域をとられたようで、生息域への侵入も不安になります。何らかの原因でやって来た外来種は、日本の在来種に影響を与えていると思われます。国内では実際に外国のクワガタムシなどが野外に捨てられて、日本のクワガタムシとの雑種が誕生している例（遺伝子汚染）もあります。指定種ではありませんが、外来種のアメリカザリガニも水の中の生き物として人気はあるものの、何でも食べてしまう困りものです。観察の森では、観察会やいろいろな場面で、在来種の大切さを伝えていきたいと思っています。

ヤマアカガエルを捕まえたアメリカザリガニ

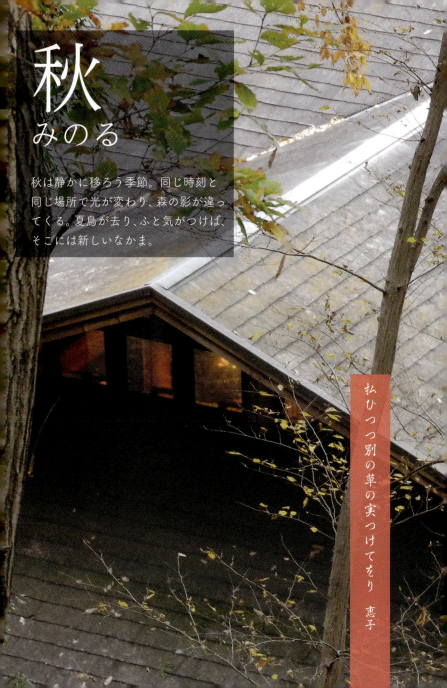

秋
みのる

秋は静かに移ろう季節。同じ時刻と同じ場所で光が変わり、森の影が違ってくる。夏鳥が去り、ふと気がつけば、そこには新しいなかま。

払ひつつ別の草の実つけてをり　恵子

バッタが原の空・草・地

ススキの原っぱになっている秋のバッタが原の虫たちを見てみましょう。

空には

アカトンボの仲間がたくさん飛び始めます。アカトンボは動きがゆっくりで、捕まえやすいトンボです。手に取って翅や胸の横の模様で種類を確認してみましょう。

アキアカネ

草むらには

草むらの草の上には、カマキリやツユムシの仲間がいます。体の色が緑色なので、草の上にいると見つけにくいのですが、葉っぱを食べたり、餌になるほかの虫を待ち構えたりしています。

オオカマキリ

地面には

ススキの穂が伸びてくる頃、鳴く虫がにぎやかになります。主に鳴くのは夜ですが、草むらをかき分けると飛び出してくるコオロギたちやキリギリスの仲間がいます。

※本書では、ヒガシキリギリス、ニシキリギリスと分けずにキリギリスとした

エンマコオロギ

森の妖精たち

キノコってなあに？

　キノコは糸状の菌糸で生育し、胞子で繁殖するカビ（菌類）の仲間です。では、キノコとカビの違いは何でしょうか。キノコは、ある時期になると目にみえる大きさの繁殖器官を作ります。これを子実体といい、「子どもを実らせる体」という意味があります。植物に例えると、子実体は花、胞子は花粉、そして菌糸は葉や茎、根に相当します。

ハナオチバタケの子実体と落ち葉に成育した菌糸

生態

　生き物は、エネルギーの流れや物質の循環に着目すると、生産者（植物）、消費者（動物）、分解者（菌類）に区分できます。分解者であるキノコには3つの生活様式があります。生産者や消費者の遺体を分解・吸収して生活する腐生性キノコは、枯れ木や落ち葉などを土に戻す役割を果たしています。また、

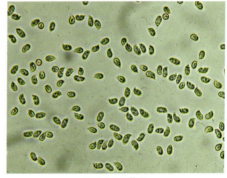

シイタケの胞子

根に菌根を作り、樹木と共生しているキノコも多く、両者の間では栄養や水のやりとりが行われています。したがって、〝キノコがたくさん発生する森は健康〟といえるでしょう。そのほか、生きた昆虫や植物などに寄生するキノコもあります。

形態

キノコというと、傘と柄をもつシイタケやマツタケなどを思い浮かべますが、棚状、こん棒形、樹状形、球形、茶碗形など、その形は実に多様です。一晩で溶けてしまうキノコや何年も成長を続けるキノコ、また触れると軟らかいもの、硬いもの、弾力があるものなどがあります。キノコの名前を調べる場合、その形や大きさ、色とともに、発生場所の様子、さらに胞子が作られる場所の特徴や顕微鏡を使った胞子の観察が重要になります。

タマゴタケ　テングタケ科
夏～秋、コナラ、クヌギなどの広葉樹の地上に発生。初めは白色の卵形だが、やがて上部が破れて橙赤色の傘があらわれる。鮮やかな色彩なので毒キノコと思われがちだが、食用になる。

ひだ

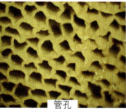
管孔

針

胞子を作る場所

生活史

みなさんは、キノコには動物や植物のような性の違いがあることを知っていますか。枯れ木や土壌中に成長した菌糸は栄養を蓄え、やがて子実体を発生させ、たくさんの胞子を作ります。でも、1つの胞子から成長した菌糸は、子実体を作ることができません。＋（プラス）と－（マイナス）の胞子から発芽した菌糸同士が出会うと、1つの細胞の中に2つの核をもつ菌糸となり、子実体の発生が可能になります。

森のキノコ

　キノコは「木の子」といわれるように樹木と深い関係があります。自然観察の森には、コナラを中心とした二次林、スギ・ヒノキ・マツなどの植林地が広がっています。地形は複雑に入り組み、沢沿いは湿度が高く、南面の傾斜地や尾根は乾燥しやすい環境です。多様な植生とともに、このような地形や環境条件は、さまざまなキノコが発生する条件を備えているといえます。〝森の妖精たち〟に触れ、その生活や役割を学ぶことで、キノコはより身近な存在になるでしょう。

チャオニテングタケ　テングタケ科
表面は暗褐色で、角錐状から平たいいぼ状となる。絶滅危惧種としてレッドデータブックに掲載している県もある。

モエギアミアシイグチ　イグチ科
傘は黒〜帯紫黒色。柄は帯緑色の地に帯紫灰色の隆起した網目模様が特徴。網目は手で触れると、黒変する。

クサウラベニタケ　イッポンシメジ科
誤食頻度の高い毒きのこで、腹痛、嘔吐、下痢などの症状を起こす。類似した数種の毒きのこがあり、注意が必要。

サンコタケ　アカカゴタケ科
幼菌は白色で卵型。熟すと3本の腕をもつ子実体を発生させる。腕の内側の黒褐色の部分は胞子で、悪臭を放つ。

アラゲキクラゲ　キクラゲ科
耳たぶのような形で、ゼラチン質。背面は毛で覆われる。日本でも栽培されており、生や乾燥品が流通している。

カメムシタケ　オフィオコルジセプス科
カメムシ類から発生する冬虫夏草。黒色で針金状の柄と橙黄色で紡錘形の頭部からなる。湿度の高い沢沿いに多い。

キヌガサタケ　スッポンタケ科
幼菌は卵形、熟すと早朝に皮を破り伸長しレース状の菌網を垂らす。傘の暗緑色の部分は胞子で、強い臭気がある。

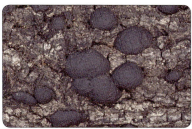

クロコブタケ　クロサイワイタケ科
広葉樹の枯れ木に発生。子座は半球形〜合着して不定形。黒色でもろい炭質。表面に胞子を飛ばす微細な孔口がある。

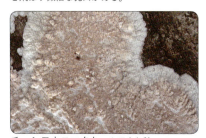

チャシワウロコタケ　シワタケ科
広葉樹の枯れ木に、こうやく状で不定形に広がる。子実層は白色〜褐色、しわ状の浅い穴、不定形ないぼを生じる。

カワラタケ　タマチョレイタケ科
立ち枯れ、倒木や切株にみられる木材腐朽菌。傘は革質で、半円形。屋根瓦のように重なって発生することが多い。

コウタケ　マツバハリタケ科
傘はロート形で深くくぼむ。表面は茶褐色の角状鱗片をつけ、中央部分では粗大で反り返る。子実層は針状である。

シロキツネノサカズキ　ベニチャワンタケ科
落ち枝より発生。子のう盤はコップ形で紅色。縁に白く長い毛をつけ、外面も毛に覆われる。柄は細長く白色。

たねのたび

　植物は動けないと思っている人も多いでしょう。でも、ちゃんと自分の勢力を広げる知恵を持っているのです。「あれっ、こんな所にいつの間に…」種をできるだけ遠くに運ぶことで、生育の範囲を広げていきます。動物に実を食べさせて糞の中に種だけを仕込んだり、動物の毛にくっつく仕組みを持っていたり、自分ではじけて飛んでいったり、風に乗っていける綿毛を持っていたり。本当によくできたさまざまな仕掛けを秋の森で見つけてみましょう。

 風にのって　　風を受けて遠くに飛んでいくための、綿毛や羽根を持っています。

ウリカエデ　ムクロジ科　　　タンポポの仲間　キク科　　　テイカカズラ　キョウチクトウ科

 自分の力で飛ばす　　自分でサヤや皮を開き、その勢いで中の種を遠くに飛ばしていきます。

フジ　マメ科　　　ツリフネソウ　ツリフネソウ科　　　ゲンノショウコ　フウロソウ科

動物に運んでもらう

- 体につく→くっつく仕組みを持つ＝トゲ、カギ、ネバネバ
- 食べさせる→おいしそうな色や香り＝糞に種が残る
- 持って行かせる→保存できる形＝土中に貯蔵

フジカンゾウ　マメ科
豆のさやにあるカギヅメでひっつく

イノコヅチ　ヒユ科
下向きのツメで獣の毛に引っかかる

キンミズヒキ　バラ科
先の曲がったトゲでしっかりくっつく

オオオナモミ　キク科
実の周りのトゲの先がカギ状

ノブキ　キク科
実から粘るものを出してくっつく

オオバコ　オオバコ科
種からネバネバを出してくっつく

ミヤマガマズミ　ガマズミ科
赤い実で鳥たちの食欲を誘う

ミツバアケビ　アケビ科
実の甘い綿の中にたくさんの種を忍ばせる

オニグルミ　クルミ科
貯えておいたつもりで、忘れるものもある

森の7つ道具〈ルーペ〉

倍率はさまざまで、対象・用途によって使い分けます。一般的に高倍率になるほど視野が狭くなり、焦点が合わせにくくなります。野外で植物や昆虫など観察する場合は10〜20倍程度のものが便利です。

秋のみのり

　殻斗といわれる椀型の帽子をかぶっている実をドングリと呼びます。ブナ科のとくにコナラ属の実が多いです。森の中で多くのドングリを探しましょう。

シラカシ　ブナ科
帽子には約7本の横縞がある。楕円形の葉の裏は白っぽい。

コナラ　ブナ科
帽子は瓦を重ねた模様。地面に落ちてすぐに根を出し、冬を越す。

フモトミズナラ　ブナ科
帽子は大瓦を重ねた模様。リスやクマの大好物。特徴ある葉形で葉柄がない。

クヌギ　ブナ科
直径2cm以上もある。帽子がもしゃもしゃ頭。

森は夏の終わりになると、道にいっぱい実と葉が落ちてるよ

誰のしわざだ！

ハイイロチョッキリ
広葉樹林にいるよ。

　殻斗は若いドングリをすっぽり包んで、虫から守る。でも、最後にはチョッキリやゾウムシに卵を産みつけられた後、切り落とされるんだね。地面に落ちるとドングリの中身は食べられて幼虫は穴を開け、外へ脱出する。

いろんな木の実（果実）を見つけよう

トチノキ　ムクロジ科
3cm玉になると、落ち時。頭上注意。食べるには手間がかかる。

クリ　ブナ科
殻斗はイガといい、トゲが密生。中に褐色の堅果が3つ。

オニグルミ　クルミ科
厚い外套に包まれたナッツ。堅果の表面はシワシワ。ネズミやリスのごちそう。

アカマツ　マツ科
実は卵型。種鱗が開くと長い翼のある種が飛び出す。

スギ　ヒノキ科
チクチク痛い枝に、チクチク痛い球果。

ヒノキ　ヒノキ科
丸い球果はサッカーボールのよう。秋に裂けて種を散らす。

ハンノキ　カバノキ科
小さなマツボックリのよう。熟すと果鱗が開き、固い扁平な堅果（種）は風に乗ってフーラフラ。

エノキ　アサ科
甘い実は、ドライフルーツとなって落ちる。中に硬い種1個。鳥の好物。緑色から橙色、さらに赤黒くなる。

サイカチ　マメ科
果実はリボンのよう。熟すと濃紫色で、振ると音がする。中には平たい黒褐色の種。

秋

秋のいきもの図鑑

夏の喧騒もしだいにおさまり、カツラの黄色い葉の甘い香りとリーリーという虫の音が来園者を迎えます。園路脇にはキクの仲間が姿をみせ、草をかき分けると大きく成長したバッタやカマキリが隠れています。木々の葉が色づく頃、ジョウビタキの到着です。

ヤマジノホトトギス　ユリ科　30-60cm
林内の日陰に生える多年草。茎に下向きの毛がたくさん生え、花は上向きにつく。

ツルボ　クサスギカズラ科　20-40cm
日当たりのよい草地に生える多年草。スッと伸びた花茎に7mm程の花を多数つける。葉はネギのようなにおい。

ヤマハギ　マメ科　1-2m
日当たりの良い尾根沿いなどに生える落葉低木。花序は基部の葉より長く、花は紅紫色。

ヤブツルアズキ　マメ科　つる性
草地や林縁に生える一年草。黄色い花はノアズキそっくりだが細長い豆果がつく。アズキの原種といわれる。

サクラタデ　タデ科　30-100cm
友の会の田んぼに生える多年草。花はこの仲間としては大きく8mm程。花の色は桜色。

ナギナタコウジュ　シソ科　15-60cm
林縁などに生える一年草。全体に香りがある。花が片側だけにつく様子を薙刀(なぎなた)に見立てた。

レモンエゴマ　シソ科　20-70cm
一年草。レモンのような香りがし姿はエゴマに似ている。園内では数が少なくなっている。

キバナアキギリ　シソ科　20-40cm
林内の木陰に生える多年草。花には吸蜜に来た昆虫の背中に花粉をつけるための仕組みがある。

ヤマハッカ
シソ科
40-100cm
林縁や草地に生える多年草。下側の花弁(下唇)が舟形。ハッカのにおいはほとんどしない。

ツルニンジン　キキョウ科　つる性
林内に生えるつる性の多年草。2.5-3.5cm程ある花の花粉の媒介者はスズメバチ。

オクモミジハグマ　キク科　40-80cm
林内の木陰に生える多年草。葉がモミジにそっくり。1個の花は3個の小花からなっている。

カシワバハグマ　キク科　30-60cm
木陰に生える多年草。オクモミジハグマと似ているが、葉が切れ込まず花は大きい。

オケラ
キク科
30-100cm
やや乾いた場所に生える多年草。花の周りに魚の骨のような苞がある。ドライフラワーになって冬まで残る。

メナモミ　キク科　60-120cm
一年草。茎や葉の裏面に毛が多い。花の周りに粘る毛がありこれで動物にくっつき、種が運ばれる。

ヤクシソウ　キク科　30-120cm
日当たりの良いやや乾いた場所に生える越年草。黄色い花をたくさんつけ秋の園内を彩る。

ノコンギク　キク科　30-100cm
明るい場所に生える多年草。種の一部に4-6mmの冠毛があるのが園内の類似種との違い。

アキノキリンソウ　キク科　35-80cm
多年草。生育環境で大きさや花数が違う。園内では日当たりの良い場所に多い。

オオアオイトトンボ　アオイトトンボ科　40-55mm
樹林に囲まれた池や湿地の周辺、林内などで見られる。寒さに強く、初冬まで見ることができる。

ハラビロカマキリ　カマキリ科　45-68mm
日当たりの良い草地で見かける。前翅の白色紋が目立ち、他のカマキリとの区別点となる。

コカマキリ　カマキリ科　36-63mm
草地や林縁で見られる。園内では褐色型が多い。前脚の内側にある黒と白の模様が特徴。

アオマツムシ　マツムシ科　22-23mm
外来種だが園内にもいる。リィーリィーとよく鳴く。晩秋にセンターの壁などでよく見る。

ヤマクダマキモドキ　ツユムシ科　52-54mm
ハンミョウ広場などの草地で見られる。サトクダマキモドキと似るが前脚腿節が赤い。

ササキリ　キリギリス科　20-28mm
林縁などで見られる。眼から翅にかけて黒色の線があり、後脚の節先端も黒い。

ショウリョウバッタ
バッタ科　40-82㎜
明るい草地にいるとんがり頭のバッタ。後脚腿節が腹端より長い。体色は緑色〜褐色。

アオフキバッタ
バッタ科　20-26㎜
翅はほとんど退化している。体の横に黒い線があり腹部の方まで伸びているのがオス（上）。

アオバハゴロモ
アオバハゴロモ科　9-11㎜
淡緑色の小さな昆虫だが、植物の茎に何匹かが並んで止まっていると目立つ。

スケバハゴロモ
ハゴロモ科　9-10㎜
名のとおり翅が透けている。翅を開いてとまり、捕まえようとするとパチンと跳ねて逃げてしまう。

ベッコウハゴロモ
ハゴロモ科　9-11㎜
翅は褐色で白い帯が2本あるハゴロモ。園内にいるハゴロモの中でもよく見る種のひとつ。

ミミズク
ヨコバイ科　14-18㎜
前胸背に2つの耳状の突起がある。木の幹そっくりの体色でクヌギに多い。

ツマグロオオヨコバイ
ヨコバイ科　13㎜程
黄色の頭と胸に黒点があり、黄緑色の翅には細い黒帯。この色合いからバナナムシとも呼ばれる。

キバラヘリカメムシ
ヘリカメムシ科　14-17㎜
黄色と黒の縞模様の腹と黒のコントラストが美しい。マユミの仲間で観察することが多い。

ムモンホソアシナガバチ
スズメバチ科　14-17㎜
葉の裏などに巣を作る。メスの成虫は、木の隙間や園路木段の隙間で越冬する姿が観察されている。

キアシナガバチ　スズメバチ科　18-23㎜
国内のアシナガバチの中では最大種の一つ。センターの軒に下向きの巣を作っている姿がよく観察される。

ニホンミツバチ　ミツバチ科　12-13㎜
日本在来。体はやや黒っぽい。木のうろなどに巣を作りスズメバチに襲われると集団で対抗する。

アオバセセリ　セセリチョウ科　40-49㎜
暗緑色の翅が特徴。体に青とオレンジの毛がありかわいい。花や他の動物の糞に集まる。

ゴイシシジミ　シジミチョウ科　25-30㎜
名は翅の裏面に黒い碁石のような模様があることから。幼虫は肉食でササなどにつくアブラムシを食べる。

ヤマトシジミ　シジミチョウ科　20-30㎜
裏面はやや褐色がかり、小黒点ははっきりしている。食草はカタバミ。

コミスジ　タテハチョウ科　44-55㎜
園内でよく見かけるチョウ。ミスジチョウより小さく、前翅中央の白色線は途切れる。

アサギマダラ　タテハチョウ科　80-100㎜
長距離移動するチョウ。園内でも数は多くないが、オオヒヨドリバナなどで吸蜜する姿を毎年確認。

ヤママユ　ヤママユガ科　115-150㎜
オスの触覚はブラシのようになっている。幼虫は大きく薄緑色の繭を作る。天蚕とも呼ばれる。

アケビコノハ
ヤガ科
90-105㎜
前翅表面は枯れ葉そっくりだが、後翅は鮮やかな黄色。幼虫は目玉模様があり特徴的。食草はアケビ科など。

クスサン　ヤママユガ科　100-130㎜
初夏にトチノキで見かける終齢幼虫は、白く長い毛が生え大きいので目立つ。繭は「透かし俵」。

ザトウムシの仲間　ザトウムシ目
8本の長い歩脚を持ち、草上や地面を歩き回る。小さい昆虫やその死体を食べる。複数種いる。

秋

金曜植物クラブ

　私たちの活動は、「森の所産目録に基づいて植物標本を作成すること」を目的としています。目録にある植物を標本にし、それをきちんと同定することに力を注いでいます。そのために私たちは、約20haの森の隅々まで植物を探し求めています。観察し、採取し、仕上げ、学名カードを貼付、また種ごとの位置図も記録しています。これまでに作成した標本は4000点以上になり、この標本が将来必ず役に立つと信じて頑張っています。この標本はスナップ写真とともにホールの展示場所に他の展示物と連携して、花ごよみのように展示しています。「今の森はどうなの？どんな花が咲いているの？」が分かるように情報掲示板にも書き込んでいます。大好きな自然の中で、仲間とともに活動しています。

困った生き物

2010年頃から、シカの姿をよく見るようになっていましたが、植生にこんなに影響を与えることになったのは、2015年以降かと思います。以前はスギ植林地の林床には、アオキ、シラカシ、ネズミモチなどの常緑低木が下草として生育していましたが、アオキはとくに好

ニホンジカ

んで食べていくことが繰り返されて、今や林床が見通せるほど植物がなくなっています。最近ではシダまで食べるようになってしまいました。これはシカの絶対数が増加したために食糧が不足し、食性を変えて何でも食べるようになってきた結果だと思います。夜になるとネイチャーセンター前の石垣上のカラムシやシナノキの枝を折ってまで食べています。職員の帰りがけや早朝、友の会の田んぼでも姿を見ることがしばしばです。

それに伴って困ったことがあります。シカの体についてきたと思われる、マダニの発生です。園内の各所で、小さいもの大きいものが確認され、食いつかれたレンジャーも複数います。全国的にもウイルスを持ったマダニによる重症熱性血小板減少症候群（SFTS）の感染について問題になっています。繁殖もしているようで、ゴマ粒より小さい幼ダニから成ダニまで確認しています。群馬県の担当部署に相談してみたところ、群馬県衛生環境研究所も県内の状況をつかみつつ研究中とのことです。自然観察の森では、県と一緒に対策と対処を考えていく予定です。また、感染症はないもののヤマビルもみどり市まで確認されています（2018年11月現在）。

自然観察の森では対策として注意喚起と長袖、長ズボンの着用をすすめています。

マダニの仲間

幼ダニ

ヤマビル

晩秋
よそおう

晩秋。動物たちは冬支度で忙しい。かすかに聞こえる落ち葉の踏み音。赤城山に初雪が来るころに、鳴く虫は声をひそめる。

音は地に晩秋の森生きてをり　のぶ子

バードウォッチング入門

晩秋

ヤマガラ　　　シジュウカラ科

秋に餌台を立てるとすぐにやってくるのがヤマガラです。シジュウカラと同じくらいの大きさですが、明るい茶色の胸元と背中が目立ちます。「ニイーニイー」の鳴き声が3月の暖かさとともに「タンタン、ピー」というゆっくりしたリズムの声に変わると繁殖の合図です。

シジュウカラ　　　シジュウカラ科

自然観察の森で、一年を通じてよく見られる鳥の一つです。グレーの羽根と胸元の黒いネクタイが特徴で、大きさはスズメくらいです。

冬になるとエナガやコゲラ、ヤマガラなどと混群を作り、にぎやかに「ジュクジュク」と鳴きながら冬の雑木林を移動していきます。

餌台にも来ています

餌台に集まるヤマガラとシジュウカラ
ゴジュウカラ

森では、11月になると2か所に餌台を立てます。餌は、ヒマワリの種だけを入れています。ここに来るのは、シジュウカラとヤマガラが主ですが、年によっては、コガラやゴジュウカラ、アトリがやって来ます。

バードウォッチングを楽しもう

　鳥の観察は、五感を集中して、鳴く声と動く姿を探します。地面、林の中、空とそれぞれの場所を季節ごとに利用しているので、以前見かけたことがあるところが参考になります。明るい場所、暗い場所、水の近く、餌の昆虫がいる場所や木の実のなっている場所などが観察ポイントです。林の中で動き回るものや、素早く一直線に飛ぶタカなどの猛禽類が枝に止まったら双眼鏡を手に取りましょう。

晩秋

ヒヨドリ　ヒヨドリ科

エナガ　エナガ科

メジロ　メジロ科

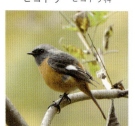
ジョウビタキ　ヒタキ科

コゲラ　キツツキ科

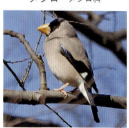
イカル　アトリ科

見つけられたらラッキーな3色の鳥！

ルリビタキ（青）　ヒタキ科

ベニマシコ（赤）　アトリ科

ミヤマホオジロ（黄）　ホオジロ科

色とりどりな木の実たち

　木の実が色づくといっても赤、黒、青、紫に黄色など色とりどりです。植物は、種を遠くまで運んでもらうためにさまざまな方法を持っています。赤や黒く色づくのは、鳥に食べさせて種を運んでもらうためといわれています。

　さあ、森の中へ色づく木の実を探しに行きましょう。

赤

ガマズミ　オトコヨウゾメ　サネカズラ

ヤブコウジ　マンリョウ　マユミ

サルトリイバラ　ツルウメモドキ　シロダモ

黒

ムクノキ　ヤマコウバシ　ヒサカキ

晩秋

クモの女王

秋が深まるとともに目立つようになる大きな網。日に照らされると金色に輝くその網の主はジョロウグモです。鮮やかな赤と、黄色と青黒色の美しい縞模様は、まさに女王の姿。春先に生まれた子グモの時から何度も脱皮を繰り返し、秋まで生き残ってきたメスの立派な姿です。

ジョロウグモ　ジョロウグモ科　♀ 20-30㎜

ジョロウグモの網の不思議

獲物捕獲用の網の前後にも網がある三重構造。馬のひづめのような形をしています。準備段階で張る「足場糸」を残すので、横糸と合わせて五線譜のように見えます。細かい目の強い網なのでセミやトンボなどの大きな昆虫も捕らえますが、普段は意外に小さなハエなどを食べています。壊れても、少しずつ補修するので、色合いや新鮮さが部分的に異なっています。メスの1/3〜1/4の大きさのオスや、イソウロウグモが同居していることも多く、秋になると網の色が黄色く色づいてきます。

♂ 6-10㎜

森のジョロウグモ

網を張る位置は、多くは地上1〜2mですが、ゼフィルスの森ではハンノキのてっぺん（10m以上）にも見られます。園内の網の数は年によって差があり、数十〜数百。台風などで大雨が多かった年の秋は少なくなります。産卵後のメスは、ススキの穂を利用して一重の小さな網を張ることもあります。冬を迎え、主のいなくなった網は落ち葉をつけたまま残っています。寿命は約1年。12月には姿を見ることがなくなり、年を越えて生きている個体を森ではまだ見たことがありません。

五線譜のよう

森にいるクモたち

カトウツケオグモ
カニグモ科 ♀ 8.5-12㎜

希少種。2008年8月、観察の森で発見されたのが群馬県初の記録。

ナガコガネグモ
コガネグモ科 ♀ 20-25㎜

ジョロウグモより腹部の縞模様が細かく、網を張る位置が低い。

アカイロトリノフンダマシ
ナゲナワグモ科 ♀ 5-7㎜

ルビーのような美しいクモ。夕方から活動するので昼間は草むらで休んでいる。

スジアカハシリグモ
キシダグモ科 ♀ 11-15㎜

葉の上でじっとして獲物を待つ。自然環境の良い所にしかいない。

ギボシヒメグモ
ヒメグモ科 ♀ 2.5-3.5㎜

腹部が擬宝珠の形のつややかなクモ。葉裏にいることが多い。白い球状のものは卵のう。

ヨダンハエトリ
ハエトリグモ科 ♀ 6-7㎜

網を張らず、葉上や地面をジャンプして獲物を探す。目が大きく、近づくとこちらを見ているような感じがする。

クモの網の形で種類を見分けることもできます。網を張らないクモもいます。

森の7つ道具〈霧吹き〉

中に入れるのは普通の水。クモの巣に向けて吹きかければ、細かな水滴が糸につき、その形があらわになります。構造から細部まで、じっくり観察することで、巣の特徴を発見できます。

色づく葉っぱ

秋になると、色づいたカツラやイロハモミジなどが日々森の景色を変え、「ここにいるよ」と語りかけてくるような気がします。その葉を近くで見たり、手に取ったりすると、色や形、手触りがさまざまで、もっともっと葉っぱと遊びたくなります。

晩秋

ムクノキ
コゴメウツギ
カラスザンショウ
コアジサイ
テイカカズラ
トチノキ
ウワミズザクラ
ダンコウバイ

ウリハダカエデ / オトコヨウゾメ / アブラチャン / イロハモミジ / エノキ / ウリカエデ / カキ / ナガバモミジイチゴ / ヤマコウバシ

晩秋

森のつぶやき

　長い間、この森の植物標本作りに関わってきました。私が初めて来園した時、今は大きく成長したネイチャーセンター前のトチノキがまだ花をつけない幼木で、添え木がしてありました。私は園内の植物の多さに心を奪われてしまい、その時、私の心に火がつきました。楽しく数多くの植物を採取していると、草や木が「ほーら見て！」と自慢そうに私の方を向いてくれます。植物はどんなに暑かろうが、寒かろうが、次世代につなぐために静かに努力しています。私も今まで培ってきた心を皆さんにお伝えしていきたいと思っています。（新井茂子）

晩秋のいきもの図鑑

赤や黄色の葉が木枯らしに舞っています。落ちた実や葉をゆっくり観察できるのもこの時期ならでは。冬芽は寒さに備えて支度を整え、虫たちは冬越しの場所を探して移動します。遠くの峰が雪化粧すると冬鳥たちがやってきます。

モミ　マツ科　35-40m
常緑高木の針葉樹。園内には直径1m近くある大木がある。実は木についたままばらばらになり種は風で飛ぶ。

シロダモ　クスノキ科　10-15m
常緑中高木。葉の裏が白い。若葉は黄褐色の絹毛に覆われ一見花のように見える。実は翌年の秋熟す。

サラシナショウマ
キンポウゲ科
40-150cm
多年草。1cm程の小さな花がたくさん集まり長さ15-30cm程になる。花の少ない時期よく目立つ。

トキリマメ　マメ科　つる性
林縁に生えるつる性の多年草。小葉の下半部がもっとも広い。赤いさやと黒い豆がよく目立つ。

ケヤキ　ニレ科　20-25m
街路樹にも植えられる落葉高木。2mm程の実は葉柄の根元につき、枝と葉ごと落ちる風散布。

マメガキ　カキノキ科　10-12m
中国から渡来したといわれる落葉高木。実は直径1-2cmと小さく、完全に熟し黒紫色になると甘い。

リンドウ　リンドウ科　20-100cm
山野に生える多年草。茎の上部にかたまって花をつける。園内では少ない。

センブリ　リンドウ科　5-20cm
一年草または越年草。園路脇に生えるが葉が細く花も小さいため見つけにくい。全草に苦みあり。

ヒイラギ　モクセイ科　4-8m
常緑小高木。葉は厚く鋸歯が棘状。節分には枝に鰯の頭を刺して戸口に飾り、魔除けにする風習がある。

アサマヒゴタイ　キク科　30-90cm
落葉樹林内に生える多年草。葉などに棘はない。園内では少ない。

エサキモンキツノカメムシ　ツノカメムシ科　11-13㎜
背中のハートが特徴。観察の森では通称「ハートカメムシ」。メスは卵や幼虫を保護する習性がある。

ヒメツチハンミョウ　ツチハンミョウ科　7-23㎜
地面にいる姿をよく見かける。金属光沢がありきれいだが、毒液を出すので注意が必要。

クロコノマチョウ　タテハチョウ科　60-80㎜
林内で多く、地面にとまると見つけにくい。分布を拡大している種で以前は園内では見られなかった。

ハシボソガラス　カラス科　50cm
くちばしは細く鋭く、声は「ガァーガァー」と濁る。カエルなどを捕食する姿を見る。

ハシブトガラス　カラス科　57cm
額が大きく盛り上がりくちばしは太く段になる。普段の声は「カァーカァー」と濁らない。

生き物を調べる

　自然観察の森では、園内の生物調査をレンジャーが毎日行っています。園内の白地図を持って、生き物の動きを記入していきます。園路は総延長約 3.5km あり、毎日すべて回り切れないので、コースを選んで歩いています。この調査は開園以来継続されていて、観察日誌として集積されています。30 年前はパソコンもない時代だったので、日誌は手書きでつづられていました。手書きには手書きの良さがあり、ところどころに絵や地図が書き込んであったり、動物の動いたルートがあったり、詳細な観察記録となっています。

　現在は、白地図に記入した生き物の情報を電子データで管理しています。そうすることですぐに植物の開花情報や渡り鳥の初見日などを確認できるようになりました。毎日の情報収集は、あくまでもレンジャーが中心ですが、たくさんの目があればより多くの情報が集まります。来園者に「あかまつのみちにウソが 3 羽いたよ」と聞けば、その可能性を探って調査を進めます。約 20ha の園内の自然の動きを詳細に記録し続けていくことが、観察の森の大切な役割と考え、今日も調査は続いています。

　また、桐生自然観察の森友の会が中心となって 2008 年から参加しているモニタリングサイト 1000 は、植物、チョウ、ホタル、鳥、カエルの調査を実施しています。

晩秋

「新たな発見　楽しいひととき〜モニタリングサイト1000に参加して」

　植物のモニタリング調査は、普段4〜6人くらいで行うことが多く、「コアジサイがいい香りだね」「今年はムラサキシキブの実がたくさんついたから鳥が喜ぶわね」といった会話をしながら行っています。私がこの調査に参加して驚いたのは、小学校で学んだツユクサのような身近な植物でも、図鑑と実物を見比べながら、花はこんなつくりをしていたのか、実はこんな形だったのかと新しい発見が多いことです。よく見かける花でしたが、初めて名前を知った植物も数多くありました。

　みんなで調査をしていると、葉っぱの上で休むかわいいシュレーゲルアオガエルがいて撮影会が始まったり、カワセミが枝にとまっていたら鳥の観察会になったりすることもしばしばで、思いのほか時間がかかることも。またみんなでお昼ごはんを食べることや、持ち寄ったお菓子で休憩するのも楽しいひとときです。これからも楽しみながら植物の記録を残していきたいと思います。
　　　　　　　　　　　　　　　　　（M.Sさん・桐生自然観察の森友の会会員）

「モニタリングサイト1000」とは

　モニタリングサイト1000は、動植物の生育生息状況などを100年にわたって同じ方法で調べ続けるサイト（調査地点）を全国に1000か所程度設置し、日本の自然環境の変化をとらえようという環境省のプロジェクト。生態系タイプ（森林、里地里山、陸水域＜湖沼、湿原＞、沿岸域＜砂浜、干潟、藻場、サンゴ礁等＞、小島嶼）ごとにサイト設置、調査項目および調査手法が検討されており、観察の森は、里地里山タイプの一般サイトとして登録している。

桐生自然観察の森友の会

　桐生自然観察の森友の会は、自然が好きで自然と触れ合い、学び、守り、生き物の命を大切にする人たちの集まりです。

　活動内容は、主に自然観察の森事業への協力です。園内施設の維持管理の手伝いや水辺の整備をしてホタルやトンボなどの観察の場を守っています。また、カッコソウの保全にも参加しています。

　会員の資質向上のための研修会も開催しています。園外自然観察会や各分野を得意とする会員との交流です。環境省が実施しているモニタリングサイト1000の調査にも参加しているほか、独自で行っているホタルの生息調査も長年続いています。

水辺づくりの作業

バードカービング制作中

バードカービング作品

　会員の親睦を深めるとともに情報交換の場として、12月に「芋煮会・正月飾り作り」、1月に「餅つき・竹細工」を開催。この催しには家族会員をはじめ、会員以外の方も多数参加し、楽しんでいます。また、バードカービングは人気行事でネイチャーセンター内に作品が展示されています。

冬
つなぐ

冷たい外気と暖炉のはざまで窓に結ぶ冬の花。強風が木立を打ち鳴らし、静まって、しんしんと雪が降り、森の重心は土中へしずむ。

円らなる冬芽の脂のこぼれさう　邦子

森のカエルごよみ

冬　　　　　　　　　春　　　　　　初夏

ヤマアカガエル　アカガエル科
- 繁殖
- 卵塊
- オタマジャクシ

アズマヒキガエル　ヒキガエル科
- サクラが咲く頃まで山中で冬眠
- 繁殖
- 卵塊
- オタマジャクシ
- 上陸（5mm程）

シュレーゲルアオガエル　アオガエル科
- 田んぼに水が入るまで水辺近くの土の中にいる
- 卵塊
- 孵化

森のカエルたち

自然観察の森では、1月半ばになるとヤマアカガエルが「ココココ」と鳴き始め、暖かくなるにつれて次々と産卵していきます。タゴガエル、アズマヒキガエル、シュレーゲルアオガエル、トウキョウダルマガエル、ニホンアマガエル、ツチガエルと、産卵活動が続きます。

ニホンアカガエル　アカガエル科

タゴガエル　アカガエル科

夏　　　秋　　冬へ

上陸（15mm程）

山中で成長中（15mm程）

上陸（15mm程）

それぞれ土の中などで冬眠します

ヤマアカガエル
体長は♂42-60mm、♀36-78mm。山地に多いが低地や丘陵地にも生息。体色は褐色から淡褐色。主に林縁部で生活し、小昆虫やミミズなどを食べる。自然観察の森では、1〜3月に浅い沼や休耕田で産卵し、7〜8月に変態する。

アズマヒキガエル
体長は♂43-161mm、♀53-162mm。低地から高地まで生息。繁殖期には体色が変化する。体全体に多数のいぼがある。自然観察の森では4月上旬のエドヒガンの咲く頃一斉に沼に集まり産卵する。幼生は梅雨のころに変態し、雨の日の夜一斉に上陸。

シュレーゲルアオガエル
体長は♂30-43mm、♀40-55mm。体色は普通黄緑色で、四肢の指先は吸盤になっており草に乗っている姿がよく見られる。眼の虹彩は金色で、普通4〜6月に産卵し、幼生は6〜8月に変態する。「コロコロ」と高い声で鳴く。

冬

ニホンアマガエル　アマガエル科

ツチガエル　アカガエル科

トウキョウダルマガエル　アカガエル科

今が出番！　冬になると主役になれるシダ

　ほとんどの草が枯れてしまう冬でも、元気に緑の葉を伸ばしているシダ(注)。花をつけない植物ですが、その姿は変化に富んでいます。自然観察の森には70種以上が記録されています（2018年11月現在）。

注）一部、冬に枯れるものもあります。

ベニシダ
　オシダ科　常緑

シダは胞子で子孫を残す。本種は、葉の裏に胞子を入れた袋（胞子嚢）をつける。包膜がそれを保護している。若葉や若い包膜が紅色をしているのでこの名がついた。

ベニシダの胞子嚢

フユノハナワラビ
　ハナヤスリ科　冬緑

本種は、光合成で栄養を蓄える「栄養葉」と、胞子をつける「胞子葉」の2種類の葉をもっている。写真の金色の粒々が胞子嚢で、ここにたくさんの胞子が入っている。

フユノハナワラビの胞子嚢

ウラジロ　ウラジロ科　常緑。葉裏が白い。　　　　　葉裏

ミサキカグマ　オシダ科
夏緑（暖地では常緑）。葉は柔らかい。

オオバノイノモトソウ　イノモトソウ科
常緑。繁殖力が旺盛。栄養葉と胞子葉あり。

リョウメンシダ　オシダ科
常緑。葉の裏表（両面）の質感が似ている。

ゲジゲジシダ　ヒメシダ科
夏緑。中軸に翼があり、ゲジゲジを連想。

冬緑…地上部（葉）が秋に現れ、春に枯れるシダを表す言葉。
夏緑…地上部が冬になると枯れる。
休止芽…時期が来るまで成長を止めておく仕組み。樹木の冬芽と同じ役割をもつ。

植物の冬越し

植物は、冬の寒さをどうやって乗り越えているのでしょう。姿を変えている植物たちを発見し、その知恵を観察しに野外に出かけてみましょう。

冬芽

冬の山に入ったら、植物の芽を見てみましょう。色・形・大きさなど、よく見ると、葉や花の赤ちゃんがそのまま集まっている裸芽と、うろこで包まれている鱗芽（りんが）があります。これらを総称して、冬芽と呼びます。中に包まれているものは何か。葉の赤ちゃんなら葉芽。花のつぼみなら花芽です。芽はいったい、いつ生まれたのでしょう。

アワブキ＜裸芽＞　　トチノキ＜鱗芽＞

裸芽

ハクウンボク　エゴノキ科
小枝とその葉を合わせてシュート。軟らかい毛が密生する。

ムラサキシキブ　シソ科
その実をめでる低木。裸芽は褐色。

アカメガシワ　トウダイグサ科
落葉高木。雌雄異株。裸芽は茶色。裸地などで他の植物に先駆けて出てくる。

鱗芽

コブシ　モクレン科
山中に分布する落葉高木。葉芽より花芽が大きくて実は拳のよう。鱗芽は毛が多い。

アブラチャン　クスノキ科
春先に黄色い小さな花をたくさんつける落葉低木。枝の先端に尖った葉芽をつけ、そのわきに丸い花芽を2〜4個つける。

コクサギ　ミカン科
山中の沢沿いに分布する低木。雌雄異株。美しい冬芽の代表。

ロゼット

冬の森の地べたには円く平らに葉を重ねている植物が目につきます。これは、越年草などが寒さに備えている形で、ロゼットと呼びます。ロゼットということばから思い出すことは…。ローズ。バラの花ですね。酒好きの人はワインのロゼ？葉の生え方からみると根生葉の集まりです。ていねいに見ると、草の種類も分かるし、その育った姿まで想像できるのです。

タンポポの仲間　キク科
放射状に並んだ葉を地面ぴったりつけて冬越しをしている。

ナズナ　アブラナ科
実の形の連想でペンペングサとも。春の七草。ロゼットで見分けられますか。

キツネアザミ　キク科
学名の Hemisteptia は冠毛が半分という意味。アザミに似てアザミ属でない。

コウゾリナ　キク科
カミソリでひっかくような硬い毛からカオソリナ。それがなまっての名。

ノゲシ　キク科
花期が同じオニノゲシとどこがちがうでしょう。アキノノゲシも。

キランソウ　シソ科
別名ジゴクノカマノフタ。さて、どうしてそう呼ぶのでしょう。

メマツヨイグサ　アカバナ科
帰化植物は外国からきて、日本の山野で暮らすもの。1800種も。これもその一つ。

虫たちの冬越し

　冷たい風がほおを刺す冬の自然観察の森。生き物の気配はあまり感じられません。ちょっと前まで元気に活動していた虫たちは、みんなどこへ行ってしまったのでしょう。枯れ葉の下や裏、木に巻かれたわらの中、軒下、建物の中・・・。ネイチャーセンター周辺で少し探してみましょう。虫たちは、いろんな姿で暖かくなる春までじっとしています。

虫たちは次の4つの姿で冬を乗り切ります

オオカマキリの卵のう／成虫

卵

ヤママユ
クヌギカメムシ
ウスバシロチョウ
ゼフィルスの仲間
カマキリの仲間　など

ウスバシロチョウの卵

アカスジキンカメムシの幼虫／成虫

幼虫

オオムラサキ
カブトムシ
アカスジキンカメムシ
ヨコヅナサシガメ
ヤマトシジミ　など

左：ゴマダラチョウの幼虫
右：オオムラサキの幼虫

蛹(さなぎ)

アゲハチョウの仲間
モンシロチョウ
アオスジアゲハ
ルリシジミ　など

ジャコウアゲハの蛹／成虫

アゲハの蛹

成虫

ウラギンシジミ
キタテハ
ルリタテハ
ツチイナゴ
クサギカメムシ　など

ウラギンシジミ／オオトビサシガメ／ホソミオツネントンボ／クビキリギス

アオオサムシ

森の冬の風物詩

冬が近づくとハンミョウ広場にあるトチノキにわらを巻きます。寒さよけの腹巻をしているわけではありません。成虫で冬を越す虫たちのすみかを提供しているのです。「こも巻き」ともいいます。

あけるとテントウムシやカメムシなどが集団で越冬中

森のけものたち

　森にすむ哺乳類たちに少しでも近づくには、フィールドサイン（足跡、糞など）を探します。まずは足跡を探してみましょう。足跡が見つかれば、それをたどっていきます。そのうちに糞、食痕が見つかるかもしれません。新しい糞や食痕が見つかれば、近くに哺乳類たちがいる可能性がぐっと高まります。もう少し足跡や糞、食痕をたどり、フィールドサインの密度が高い場所を見つけたら、そこで静かに待ちましょう。運が良ければ、哺乳類たちの姿を見ることができるかもしれません。

ホンドタヌキの足跡

足跡
　足跡は哺乳類を探す手がかりとなる重要なフィールドサインです。足跡からは哺乳類の種類・個体の大きさがおおむね割り出せます。また足跡をたどることで、どこから来て、どこへ行くのかを推察できます。多くの足跡が交差するような場所は、哺乳類にとって重要な場所（餌場や水場など）を示していることが多いのです。

ニホンジカがセキショウを食べたあと

食痕（食べたあと）
　食痕を見ることで、そこを訪れた哺乳類のおおよその種類と主要な食べ物を知ることができます。それぞれの種で、季節ごとに主要な食べ物は変化していきます。
　哺乳類の種類と、季節ごとの食べ物をカレンダーにしてみると、出会いのチャンスがぐっと増えることでしょう。

ニホンイノシシのヌタ場

ヌタ場
　シカやイノシシは、わずかな水が流れ込む湿地の水たまりを利用して、泥浴びをします。泥浴びの結果できた水たまりを「ヌタ場」と呼びます。ヌタ場にはイノシシやシカの多くの個体が入れ替わり訪れます。また、水がたまることでほかの生き物が水場としても利用します。

ホンドテンの糞

糞
　糞の形状を見ることで、哺乳類のおおよその種類を割り出すことができます。また、糞の内容物を観察することで、その時の主要な食物の見当を付けることが可能です。ただし、糞は消化された後の物なので、食痕と合わせて推察することが必要です。また、糞で縄張りを示したりサインポストとして利用したりする種もいます。

ニホンイノシシ

ニホンジカ

森の哺乳類たち

　自然観察の森では、ニホンジカやニホンイノシシをはじめ、多くの哺乳類が確認されています。シカ、イノシシは観察の森周辺で繁殖もしており、センサーカメラでは子どもを連れた姿も多く撮影されています。イノシシの子育ては数頭の母親がグループを作り、子育てをしますが、そんな「イノシシの保育園」も垣間見ることができます。

　他にもホンドテンやニホンアナグマ、ホンドタヌキ、ニホンザルなどの姿をセンサーカメラが捉えています。特にヌタ場周辺には多くの種が訪れます。

ニホンザル

ホンドテン

センサーカメラについて

　センサーカメラとは赤外線動体センサーを備えた自動撮影装置です。1000～2000万画素程度の解像度で、動物たちに人の気配を感じさせることなく撮影することが可能です。

　夜間撮影のために赤外線フラッシュと赤外線フィルターを備えており、日中はカラー、夜間もモノクロで明瞭な写真を撮影することができます。最近は動画撮影が可能なものも多く、動物たちの自然な姿を捉えるのに役立ちます。

＊ニホンジカのオス

ホンドタヌキ

＊モニ1000調査により撮影

コケ

　小さなコケですが、ルーペや顕微鏡でのぞくと、色鮮やかでユニークな形が見えてきます。自然観察の森には山地性のコケが多く見られ、コケの多様な姿を知ることができます。

アブラゴケ　アブラゴケ科
油を塗ったようにテカテカとした光沢をもつコケ。細胞が大きく、ルーペでも細胞の粒を認識することができる。

イクビゴケ　キセルゴケ科
猪の首のような形の胞子嚢（萠）をもつのでこの名がある。周りにたくさんある毛のようなものは、若い胞子嚢を守る葉の先が細長く伸びたもの。

アカイチイゴケ　ハイゴケ科
葉が赤く色づく美しいコケ。この紅葉はあまり季節とは関係がなく、葉が古くなるにつれて赤くなる。

トヤマシノブゴケ　シノブゴケ科
細かく分かれた枝の表面に小さな葉がつき、繊細なレースを思わせるコケ。シノブとはシダの古い名前の一つで、全体がシダの葉の形に似ているのでこの名がついているといわれている。

ホソバオキナゴケ　シラガゴケ科
白っぽいコケで、おじいさん（翁）の白髪のようなのでこの名がついている。葉の表面に透明な細胞の層があるのでこのような色になる。

ケゼニゴケ　ケゼニゴケ科
葉状体や生殖器官をつける傘（雌器床と雄器床）に毛が生えているのでこの名がついている。湿った土の上や岩の上に生える。

冬のいきもの図鑑

よく冷えた冬の朝、朝日を浴びた霜柱がキラキラと光を放ちます。澄んだ空気の中、ノスリの丘からは遠く富士山を望みます。ヤマアカガエルのココココという鳴き声が響くと、翌朝池には卵塊が見られ、雪の日は、テンやノウサギの足跡が森へ誘います。

ジャノヒゲ　クサスギカズラ科　10-40cm（葉）
地面を覆うように生える多年草。夏に咲く花よりも藍色の種子の時期によく目立ち、種子は鳥が食べる。

ヤブツバキ　ツバキ科　5-6m
園内に多く生育する常緑高木。直径5cm以上ある赤い花にはメジロなどがよく訪れる（鳥媒花）。

ヤツデ　ウコギ科　1.5-3m
常緑低木。庭木などで植えられていることも多い。葉が天狗のうちわのような形をしている。

マダラカマドウマ　カマドウマ科　20-34mm
翅がなく長い後脚をもつ。センター周辺の暗い場所や木のうろなどでよく見られる。

ツチイナゴ　バッタ科　50-70mm
眼の下の涙のような黒いすじが特徴。草地で見られ、あまり動かない。成虫越冬。

ヨコヅナサシガメ　サシガメ科　16-24mm
原産は中国などの外来種。園内でも近年見られるようになった。木の幹の隙間などで幼虫が集団越冬する。

クサギカメムシ　カメムシ科　13-18mm
園内で普通に見られるカメムシ。成虫越冬で、冬センターなどの建物内で多く見られる。

カメノコテントウ　テントウムシ科　8-12mm
大型のテントウムシで亀の甲模様が特徴的。園内ではこも巻きの中で越冬している姿がよく観察される。

ナミテントウ
　テントウムシ科
　4.7-8.2mm

前翅の模様は様々。晩秋の暖かい日、どこからともなく飛来し集団で越冬する姿が見られる。

テングチョウ　タテハチョウ科　40-50mm
頭の突起が天狗のように前に飛び出しているのが特徴。成虫越冬。食草はエノキなど。

クロスジフユエダシャク
　シャクガ科
　♂ 4-30mm
　♀ 8-12mm

初冬の暖かい日の日中に飛ぶ姿が見られる。飛んでいるのはオスで、メスは翅がなく飛べない。

カルガモ　カモ科　60cm
オスメス同色。食欲旺盛で園内では池や田んぼでオタマジャクシや水草なども食べる。

ノスリ　タカ科　♀ 57cm　137cm（翼開長）
飛翔時に下から見ると翼が白く黒斑がある。園内ではアカガエルを狙い水辺にくる。

アカゲラ　キツツキ科　24cm
「キョッキョッ」と大きな声で鳴く。オスは後頭部が赤い。肩羽に大きな白斑がある。

アオゲラ　キツツキ科　29cm
「ピョー、キョッ、ケケ」など様々な声で鳴く。オスは頭全体が赤く、メスは後頭部のみ赤い。

ミソサザイ　ミソサザイ科　10.5cm
漂鳥。沢沿いの地面ややぶの中を動き回る姿をよく見る。「チョッ」と力強く鳴く。

シロハラ　ヒタキ科　24.5cm
冬鳥。「キョッキョッ」と二声続けて鳴く。落ち葉をくちばしでひっくり返してエサを探す。

モズ　モズ科　20cm
秋の縄張り宣言で「キィー」と高鳴きをする。杭などにとまり尾をクルクル回す。捕えた小動物を尖ったものに刺す習性がある。

トラツグミ　ヒタキ科　29.5cm
漂鳥。名のとおり黄色と黒の虎模様。一見派手だが地面にいると保護色となり見つけにくい。

キクイタダキ　キクイタダキ科　10cm
漂鳥または冬鳥。アカマツ林やスギなどの針葉樹林で見かける。枝先でホバリングしてエサを探す。

ヒガラ　シジュウカラ科　11cm
カラ類で一番小さい。頭には冠羽があり寝ぐせのように立ち、のどは三角形に黒い。

コガラ　シジュウカラ科　12.5cm
頭は黒色でのどの黒斑はあごひげのよう。冬はヒガラなどと混群になっていることが多い。

カシラダカ　ホオジロ科　15cm
冬鳥。驚くと近くの木の枝にとまり冠羽をたてる。
ホオジロと似るが腹が白い。「チッ」と一声ずつ鳴く。

アオジ　ホオジロ科　16cm
漂鳥。地面に近いやぶや植え込みで「チッチッ」
と鳴く。オスは目先とくちばしの周囲が黒い。

カワラヒワ　アトリ科　13.5cm
飛びながら「キリリコロロ」とよく鳴く。く
ちばしは桃色。エサ台の下でも見る。

マヒワ　アトリ科　12.5cm
冬鳥。全身が黄色。数十羽の群れで森を移動し、
木の上で「チュイチュイ」とにぎやかに鳴く。

シメ　アトリ科　18.5cm
漂鳥。翼に茶色と黒の模様がある。くちばし
は大きく、夏は鉛色、冬は桃色に変化する。

アトリ　アトリ科　16cm
冬鳥。体色は全体的にオレンジ色。数羽の群れで
地面に降りてエサをついばんでいる姿をよく見る。

ウソ　アトリ科　15.5cm
漂鳥。オスは体が青灰色でほおとのどが桃色。
メスは全体が褐色。「フィ」と優しい声で鳴く。

カケス　カラス科　33cm
翼のコバルトブルーがよく目立つ。「ギャーギャー」
と鳴くが、他の鳥の鳴き声の物まねも上手。

森を支える

　自然観察の森は、身近な生き物を観察するための施設です。珍しいものや貴重なものがあるわけではありません。約20haの敷地の中には、いわゆる里山の風景が広がっています。その構成はコナラを主とする雑木林、スギ・ヒノキの植林地、草地、湿地、池や沢などの水辺です。「自然観察の森なんだから何もせずに、自然に任せているんでしょう」と思う人もいるかもしれませんが、そのようなことはありません。身近な生き物を、観察しやすいように維持管理しているのが観察の森です。基本的には生き物の生息のための多様性を心がけています。

　では実際にどんな管理をしているかというと、草が伸びてきたら草刈りをする、土砂がたまったら泥をさらって出す、沢水が涸れないように水路を管理する、落ち葉がたまったら集めてたい肥にする―などです。とくに園路の周辺は来園者が安全に歩け、生き物がより身近で観察できるように気を配ります。生き物の生息環境に合わせて、明るさや風通し、他の種類との関係などを考え、毎日園路を巡回し点検しています。

全国にある自然観察の森

自然観察の森は環境省の補助金で全国10か所に設置されています。

①仙台市太白山自然観察の森
〒982-0251　宮城県仙台市太白区茂庭字生出森東36-63
TEL：022-244-6115　fax：022-244-6133

②牛久自然観察の森
〒300-1212　茨城県牛久市結束町489-1
TEL 029-874-6600　fax：029-874-6812

③桐生自然観察の森
〒376-0041　群馬県桐生市川内町2丁目902-1
TEL 0277-65-6901　fax：0277-45-0088

④横浜自然観察の森
〒247-0013　神奈川県横浜市栄区上郷町1562-1
TEL 045-894-7474　fax：045-894-8892

⑤豊田市自然観察の森
〒471-0014　愛知県豊田市東山町4丁目1206-1
TEL 0565-88-1310　fax：0565-88-1311

⑥栗東自然観察の森
〒520-3015　滋賀県栗東市安養寺178-2
TEL：077-554-1313　fax：077-554-1662

⑦和歌山自然観察の森
〒640-0305　和歌山県和歌山市明王寺85
TEL：073-478-3707　fax：073-478-3707

⑧姫路市自然観察の森
〒671-2233　兵庫県姫路市太市中915-6
TEL：079-269-1260　fax：079-269-1270

⑨おおの自然観察の森
〒739-0488　広島県廿日市市大野矢草2723
TEL：0829-55-3000　fax：：0829-55-1307

⑩福岡市油山自然観察の森
〒811-1355　福岡県福岡市南区大字桧原855-1
TEL：092-871-2112　fax：092-801-8661

索引

【ア】

アオイスミレ	24
アオオサムシ	72・117
アオカナブン	62
アオカミキリモドキの仲間	45
アオキ	19
アオゲラ	122
アオジ	124
アオスジアゲハ	39
アオスジカミキリ	74
アオダイショウ	48・49
アオツヅラフジ	99
アオバセセリ	51・92
アオバハゴロモ	91
アオフキバッタ	91
アオマツムシ	90
アカイチイゴケ	120
アカイロトリノフンダマシ	101
アカガネサルハムシ	58
アカゲラ	122
アカシジミ	44
アカシデ	18
アカスジキンカメムシ	116
アカタテハ	21・51
アカネスミレ	25
アカハネナガウンカ	72
アカハライモリ	67
アカマツ	87
アカメガシワ	99・114
アキアカネ	78
アキノキリンソウ	90
アゲハ	50・117
アゲハモドキ	75
アケビコノハ	93
アサギマダラ	92
アサマイチモンジ	45
アサマヒゴタイ	105
アシグロツユムシ	79
アズマヒキガエル	110・111
アトボシハムシ	20
アトリ	124
アブラゴケ	120
アブラゼミ	64・65
アブラチャン	16・114
アブラチャンコブアブラムシ	13
アブラツツジ	55
アマチャヅル	69
アメリカザリガニ	76
アラゲキクラゲ	82
アリアケスミレ	25
アリグモ	75
アワブキ	51・114

【イ】

イカリソウ	17
イカリモンガ	21
イカル	97
イクビゴケ	120
イタドリハムシ	39
イタヤハマキチョッキリ	29
イチモンジカメノコハムシ	58
イチヤクソウ	55
イトトンボの仲間	67
イヌザクラ	27
イヌタデ	69
イノコヅチ	85
イロハモミジ	18

【ウ】

ウグイス	32
ウスバカゲロウの仲間	72
ウスバシロチョウ	39・116
ウソ	124
ウツギ	54・99
ウツギトックリアブラムシ	13
ウマノアシガタ	34
ウマノオバチ	39
ウマノスズクサ	51
ウラギンシジミ	117
ウラジロ	113
ウラナミアカシジミ	44
ウリカエデ	84
ウリノキ	54
ウワミズザクラ	27・102

【エ】

- エイザンスミレ … 25
- エグリトラカミキリ … 57
- エゴノキ … 55
- エサキモンキツノカメムシ … 105
- エドヒガン … 26
- エナガ … 97
- エノキ … 51・87
- エンマコオロギ … 78

【オ】

- オオアオイトトンボ … 90
- オオアメンボ … 67
- オオイヌノフグリ … 19
- オオオナモミ … 85
- オオカマキリ … 78・116
- オオシオカラトンボ … 72
- オオスズメバチ … 62
- オオセンチコガネ … 72
- オオゾウムシ … 58
- オオトビサシガメ … 117
- オオトラフハナムグリ … 57
- オオバアサガラ … 55
- オオバコ … 85
- オオバノイノモトソウ … 113
- オオミズアオ … 59
- オオムラサキ … 51・62・116
- オオヨツスジハナカミキリ … 45
- オオルリ … 33
- オカトラノオ … 55
- オカメコオロギの仲間 … 79
- オクモミジハグマ … 89
- オケラ … 89
- オトコエシ … 71
- オトコヨウゾメ … 38・98
- オナガグモ … 75
- オニグルミ … 85・87
- オニヤンマ … 67・71

【カ】

- カオジロガビチョウ … 76
- カキドオシ … 19
- カケス … 124
- ガザミグモ … 75
- カシラダカ … 124
- カシワバハグマ … 89
- カスミザクラ … 27
- カタクリ … 10
- カタバミ（広義） … 18
- カッコソウ … 31
- カツラ … 17
- カテンソウ … 17
- カトウツケオグモ … 101
- カナブン … 73
- カノコガ … 75
- ガビチョウ … 76
- カブトムシ … 63
- ガマズミ … 98
- カメノコテントウ … 122
- カメムシタケ … 82
- カラスウリ … 69
- カラスザンショウ … 99
- カラムシ … 51
- カルガモ … 122
- カワゲラの仲間 … 67
- カワセミ … 40
- カワニナ … 41
- カワラタケ … 83
- カワラヒワ … 124
- ガンクビソウ … 71

【キ】

- キアゲハ … 39
- キアシナガバチ … 92
- キイロスズメバチ … 46
- キイロトラカミキリ … 58
- キクイタダキ … 123
- キシタバの仲間 … 47・63
- キセキレイ … 40
- キタキチョウ … 20
- キタテハ … 21
- キツネアザミ … 37・115
- キツネノカミソリ … 68
- キツネノマゴ … 70
- キツリフネ … 54
- キヌガサタケ … 83

キバナアキギリ	89
キバラヘリカメムシ	91
キビタキ	33
キブシ	18
キブシアブラムシ	13
ギボシヒメグモ	101
キマダラミヤマカミキリ	73
キムネクマバチ	59
キュウリグサ	19
キランソウ	36・115
キリギリス	79
キンミズヒキ	85
キンラン	34
ギンラン	34
ギンリョウソウ	36

【ク】

クサウラベニタケ	82
クサギ	99
クサギカメムシ	121
クジャクチョウ	21
クスサン	93
クチナガガガンボ属の仲間	45
クヌギ	86
クビキリギス	117
クマノミズキ	54
クモキリソウ	52
クリ	87
クロコノマチョウ	105
クロコブタケ	83
クロスジギンヤンマ	38
クロスジフユエダシャク	122
クロツグミ	32
クロバエ科の仲間	48
クロヒカゲ	74
クロヒナスゲ	17
クロボシヒラタシデムシ	72

【ケ】

ゲジゲジシダ	113
ケゼニゴケ	120
ケヤキ	104
ゲンゲ	17

ゲンジボタル	66
ゲンノショウコ	84

【コ】

コアオハナムグリ	57
コアジサイ	54
ゴイサギ	40
ゴイシシジミ	92
コウゾリナ	115
コウタケ	83
コオニヤンマ	71
コカマキリ	90
コガラ	123
コクサギ	114
コクワガタ	72
コゲラ	97
コゴメウツギ	35
コサナエ	38
ゴジュウカラ	96
コジュケイ	40
コスミレ	24
コチャバネセセリ	14
コツバメ	21
コナラ	86
コバギボウシ	68
コハコベ	19
コブオトシブミ	29
コフキゾウムシ	58
コブシ	16・99・114
コブハサミムシ	56
ゴマダラチョウ	51・116
コマルハナバチ	39
コミスジ	92
コムラサキ	59
コモチシダコブアブラムシ	13
ゴンズイ	99

【サ】

サイカチ	87
サカハチチョウ	59
サギゴケ	20
サクラタデ	88
ササキリ	90

サシバ	48
ザゼンソウ	16
ザトウムシの仲間	93
サトキマダラヒカゲ	74
サネカズラ	98
サビキコリ	73
サラシナショウマ	104
サルトリイバラ	98
サルナシ	55
サワガニ	67
サワギク	56
サワフタギ	36・99
サンコウチョウ	33
サンコタケ	82
サンショウ	50

【シ】

シイタケ（胞子）	80
シオカラトンボ	72
シオヤアブ	74
シオヤトンボ	38
シジュウカラ	96
シナノキトックリアブラムシ	12
シハイスミレ	25
シマヘビ	49
ジムグリ	49
シメ	124
ジャケツイバラ	53
ジャコウアゲハ	51・117
ジャノヒゲ	121
ジュウニヒトエ	36
シュレーゲルアオガエル	48・110・111
シュンラン	16
ジョウカイボン	39
ジョウビタキ	97
ショウリョウバッタ	91
ジョロウグモ	100
シラカシ	86
シラヤマギク	70
シリアゲムシの仲間	59
シロキツネノサカズキ	83
シロコブゾウムシ	58
シロシタホタルガ	59

シロスジカミキリ	63
シロダモ	98・104
シロバナカザグルマ	52
シロハラ	123
シロマダラ	49
シンジュサン	40

【ス】

スイカズラ	38
スカシバガの仲間	46
スギ	87
スギナ	16
スケバハゴロモ	91
スジアカハシリグモ	101
スジエビ	67
スジグロシロチョウ	40
スミナガシ	47・51・62

【セ】

セマダラコガネ	57
センダイムシクイ	41
セントウソウ	20
センニンソウ	68
センブリ	105
センボンヤリ	37

【ソ】

ソウシチョウ	76

【タ】

ダイミョウセセリ	14
タカチホヘビ	49
タカトウダイ	53
タカネトンボ	72
タケウチトゲアワフキ	38
タゴガエル	110
タチツボスミレ	24
タツナミソウ	56
タマアジサイ	70
タマゴタケ	81
ダンコウバイ	16
タンポポの仲間	84・115

【チ】

チゴユリ	34
チダケサシ	53
チャイロスズメバチ	74
チャオニテングタケ	82
チャシワウロコタケ	83
チョウジザクラ	26

【ツ】

ツクツクボウシ	65
ツクバネウツギ	38
ツチイナゴ	121
ツチガエル	111
ツノトンボ	57
ツノハシバミ	18
ツバメ	40
ツボスミレ	24
ツマキチョウ	39
ツマグロオオヨコバイ	91
ツマグロヒョウモン	42
ツユクサ	52
ツリガネニンジン	70
ツリフネソウ	84
ツルウメモドキ	98
ツルニンジン	89
ツルボ	88

【テ】

テイカカズラ	84
テングチョウ	122

【ト】

トウキョウダルマガエル	111
トキリマメ	104
トキワハゼ	20
ドクダミ	52
トゲグモ	75
トチノキ	35・87・114
トビナナフシ	47
トヤマシノブゴケ	120
トラツグミ	123
トラマルハナバチ	45

【ナ】

ナガコガネグモ	101
ナガサキアゲハ	42
ナガバノコウヤボウキ	70
ナギナタコウジュ	88
ナズナ	115
ナツアカネ	79
ナツツバキ	55
ナナフシモドキ	46
ナミテントウ	122
ナンテンハギ	53

【ニ】

ニイニイゼミ	65
ニオイタチツボスミレ	24
ニガイチゴ	35
ニガナ	37
ニッコウフサヤガ	47
ニホンアカガエル	110
ニホンアマガエル	111
ニホンイノシシ	42・119
ニホンカナヘビ	21
ニホンカモシカ	42
ニホンザル	42・119
ニホンジカ	94・119
ニホンセセリモドキ	14
ニホンマムシ	49
ニホンミツバチ	92
ニリンソウ	11
ニワトコ	37
ニワハンミョウ	38

【ヌ】

ヌスビトハギ	69

【ネ】

ネコノメソウ	11
ネジキ	55
ネムノキ	53

【ノ】

ノアザミ	37
ノイバラ	53
ノカンゾウ	52

ノギラン	68
ノゲシ	115
ノコギリカミキリ	74
ノコギリクワガタ	63
ノコンギク	90
ノシメトンボ	79
ノスリ	122
ノダケ	71
ノハラアザミ	70
ノブキ	85
ノブドウ	99

【ハ】

ハイイロチョッキリ	86
ハギリオトシブミ	29
ハクウンボク	114
ハシブトガラス	105
ハシボソガラス	105
ハナオチバタケ	80
ハラビロカマキリ	90
ハルジオン	37
ハルゼミ	65
ハンノキ	18・87

【ヒ】

ヒイラギ	105
ヒオドシチョウ	21
ヒカゲスミレ	25
ヒガシニホントカゲ	21
ヒガラ	123
ヒグラシ	65
ヒサカキ	19・98
ヒシバッタの仲間	79
ヒトリシズカ	16
ヒナスミレ	25
ヒノキ	87
ヒバカリ	49
ヒメウツギ	35
ヒメウラナミジャノメ	75
ヒメカギバアオシャク	47
ヒメカマキリモドキ	57
ヒメクロオトシブミ	29
ヒメツチハンミョウ	105
ヒメトラハナムグリ	57
ヒメホシカメムシ	56
ヒメヤブラン	52
ヒヨドリ	97
ヒラタアブの仲間	45
ビロードツリアブ	15

【フ】

フキバッタの仲間	79
フクジュソウ	11
フクラスズメ	51・63
フジ	84
フジカンゾウ	85
フシグロセンノウ	70
フタリシズカ	34
フデリンドウ	36
フモトミズナラ	86
フユノハナワラビ	112
プラナリア	67

【ヘ】

ヘイケボタル	66
ヘクソカズラ	99
ベッコウハゴロモ	91
ベニシジミ	40
ベニシダ	112
ベニマシコ	97
ヘビトンボ	63・67
ヘリグロベニカミキリ	58

【ホ】

ホオジロ	41
ホオノキ	34
ホシアワフキ	56
ホソバオキナゴケ	120
ホソミオツネントンボ	117
ホタルカミキリ	58
ホトケノザ	19
ホトトギス	33
ホンドタヌキ	119
ホンドテン	119

【マ】

- マスダクロホシタマムシ …… 73
- マダニの仲間 …… 94
- マダラカマドウマ …… 121
- マツカゼソウ …… 69
- マツモムシ …… 67
- マドガ …… 40
- マヒワ …… 124
- マムシグサ(総称) …… 34
- マメガキ …… 104
- マメコガネ …… 73
- マユミ …… 98
- マルバアオダモ …… 36
- マルバスミレ …… 24
- マルハナバチの仲間 …… 15
- マンサク …… 17
- マンリョウ …… 98

【ミ】

- ミカドガガンボ …… 74
- ミサキカグマ …… 113
- ミズイロオナガシジミ …… 44
- ミズタマソウ …… 69
- ミズヒキ …… 54
- ミゾカクシ …… 56
- ミソサザイ …… 123
- ミゾソバ …… 53
- ミツバアケビ …… 17・85
- ミツバウツギ …… 35
- ミツバウツギフクレアブラムシ …… 13
- ミツバツツジ …… 19
- ミドリシジミ …… 44
- ミドリヒョウモン …… 74
- ミミズク …… 91
- ミヤマアカネ …… 79
- ミヤマウグイスカグラ …… 20
- ミヤマウズラ …… 68
- ミヤマガマズミ …… 85
- ミヤマカラスアゲハ …… 39
- ミヤマカワトンボ …… 71
- ミヤマキケマン …… 17
- ミヤマクワガタ …… 62
- ミヤマザクラ …… 27
- ミヤマセセリ …… 14
- ミヤマタムラソウ …… 56
- ミヤマホオジロ …… 97
- ミンミンゼミ …… 65

【ム】

- ムクノキ …… 98
- ムモンホソアシナガバチ …… 91
- ムラサキケマン …… 11
- ムラサキシキブ …… 99・114
- ムラサキシジミ …… 15

【メ】

- メジロ …… 97
- メナモミ …… 89
- メマツヨイグサ …… 115

【モ】

- モエギアミアシイグチ …… 82
- モズ …… 123
- モノサシトンボ …… 71
- モミ …… 104
- モミジニタイケアブラムシ …… 13
- モンキチョウ …… 45

【ヤ】

- ヤクシソウ …… 89
- ヤツデ …… 121
- ヤハズカミキリ …… 57
- ヤブカラシ …… 69
- ヤブカンゾウ …… 52
- ヤブキリ …… 79
- ヤブコウジ …… 98
- ヤブサメ …… 41
- ヤブジラミ …… 37
- ヤブツバキ …… 121
- ヤブツルアズキ …… 88
- ヤブデマリ …… 37
- ヤブヘビイチゴ …… 35
- ヤブムラサキ …… 99
- ヤブヤンマ …… 71
- ヤブラン …… 68
- ヤブレガサ …… 20

ヤマアカガエル	110・111
ヤマカガシ	48・49
ヤマガラ	96
ヤマクダマキモドキ	90
ヤマコウバシ	98
ヤマザクラ	26
ヤマジノホトトギス	88
ヤマシロオニグモ	75
ヤマツツジ	36
ヤマトシジミ	92
ヤマトタマムシ	73
ヤマハギ	88
ヤマハッカ	89
ヤマビル	94
ヤマブキ	35
ヤマボウシ	54
ヤマホタルブクロ	56
ヤマユ	92
ヤマユリ	68

【ユ】

ユリワサビ	18

【ヨ】

ヨコヅナサシガメ	121
ヨダンハエトリ	101
ヨツボシオオキスイ	73
ヨツボシケシキスイ	73

【リ】

リョウメンシダ	113
リンドウ	104

【ル】

ルイスアシナガオトシブミ	28
ルリシジミ	21
ルリタテハ	15
ルリビタキ	97
ルリボシカミキリ	74

【レ】

レモンエゴマ	88

【ワ】

ワキグロサツマノミダマシ	75
ワダソウ	35

参考文献

国立科学博物館編　菌類のふしぎ．形とはたらきの驚異の多様性　東海大学出版会　2008
今関六也・大谷吉雄・本郷次雄著　増補改訂新版 山溪カラー名鑑日本のきのこ　山と溪谷社　2011
保坂健太郎ほか監修・執筆　小学館の図鑑NEO［改訂版］きのこ　小学館　2017
群馬県野生きのこ同好会編　群馬のきのこ上巻　上毛新聞社　2001
群馬県野生きのこ同好会編　群馬のきのこ下巻　上毛新聞社　2002
長沢栄史監修　フィールドベスト図鑑日本の毒きのこ　学習研究社　2003
長澤栄史監修　青森県産きのこ図鑑　アクセス二十一出版　2017
岩月善之助（編）　日本の野生植物コケ　平凡社　2001
大谷勉　ポケット図鑑日本の爬虫両生類157　文一総合出版　2009
松本嘉幸　アブラムシ入門図鑑　全国農村教育協会　2008
新海栄一監修　日本のクモ　文一総合出版　2006
新海栄一監修　クモ基本60　東京蜘蛛談話会　2015
宮下直　クモの生物学　東京大学出版会　2000
海老原淳　日本産シダ植物標準図鑑I　学研プラス　2017
海老原淳　日本産シダ植物標準図鑑II　学研プラス　2017
村田威夫・谷城勝弘　野外観察ハンドブックシダ植物　全国農村教育協会　2007
池畑怜伸　写真で分かるシダ図鑑　トンボ出版　2008
三井邦男　シダ植物の胞子　豊穣書館　1982
大橋広好、門田裕一、邑田仁、米倉浩司、木原浩編　日本の野生植物1　平凡社　2015
大橋広好、門田裕一、邑田仁、米倉浩司、木原浩編　日本の野生植物2　平凡社　2016
大橋広好、門田裕一、邑田仁、米倉浩司、木原浩編　日本の野生植物3　平凡社　2016
大橋広好、門田裕一、邑田仁、米倉浩司、木原浩編　日本の野生植物4　平凡社　2017
大橋広好、門田裕一、邑田仁、米倉浩司、木原浩編　日本の野生植物5　平凡社　2017
茂木透写真　高橋秀男・勝山輝男監修　樹に咲く花　離弁花1　山と溪谷社　2010
茂木透写真　高橋秀男・勝山輝男監修　樹に咲く花　合弁花・単子葉・裸子植物　山と溪谷社　2010
平野隆久写真　林弥栄監修　門田裕一改訂版監修　野に咲く花　山と溪谷社　2013
永田芳男写真　門田裕一改訂版監修　山に咲く花　山と溪谷社　2013
いがりまさし　増補改訂日本のスミレ　山と溪谷社　2004
久保田修構成・執筆　藤田和生絵　里の花イラストでちがいがわかる名前がわかる　学習研究社　2009
ピッキオ編著　花のおもしろフィールド図鑑　春　実業之日本社　2006
ピッキオ編著　花のおもしろフィールド図鑑　夏　実業之日本社　2001
ピッキオ編著　花のおもしろフィールド図鑑　秋　実業之日本社　2002
槐真史編著、伊丹市昆虫館監修　ポケット図鑑日本の昆虫1400①、②　文一総合出版　2015
田野芳久、前田信二著　群馬いきもの図鑑　メイツ出版　2015
築地琢朗　フィールドで役立つ1103種の生態写真昆虫観察図鑑　誠文堂新光社　2012
湯川淳一・桝田長編著　日本原色虫えい図鑑　全国農村教育協会　1996
尾園暁、川島逸郎、二橋亮著　ネイチャーガイド日本のトンボ　文一総合出版　2017
永井真人　鳥くんの比べて識別！野鳥図鑑670 第2版　文一総合出版　2016
財団法人日本鳥類保護連盟　鳥630図鑑　財団法人日本鳥類保護連盟　2006
安田守著　高橋真弓・中島秀雄監修　イモムシハンドブック　文一総合出版　2010
安田守著　高橋真弓・中島秀雄監修　イモムシハンドブック2　文一総合出版　2013
安田守著　高橋真弓・中島秀雄・四方圭一郎監修　イモムシハンドブック3　文一総合出版　2016
内田りゅう、前田憲男、沼田研児、関慎太郎　決定版日本の両生爬虫類　平凡社　2007
中根猛彦、大林一夫、野村鎮、黒沢良彦　原色昆虫大図鑑第2巻　北隆館　1984
特定非営利活動法人日本チョウ類保全協会編　フィールドガイド日本のチョウ　誠文堂新光社　2012
大平満　群馬のすみれ　上毛新聞社　2016
桐生自然観察の森　桐生自然観察の森所在目録　桐生自然観察の森　2010
友国雅章監修　安永智秀、川村満、高井幹夫、山澤哲夫、山下泉著　日本原色カメムシ図鑑　全国農村教育協会　1993
今泉忠明　野生動物観察事典　東京堂出版　2004
熊谷さとし著　安田守写真　哺乳類のフィールドサイン観察ガイド　文一総合出版　2011
日本直翅類学会編　バッタ・コオロギ・キリギリス大図鑑　北海道大学出版会　2006

　　　　　　　　　　　　　　　　　　　　　　　　　　（他多数の書籍を参考にしました）

あとがき

　桐生自然観察の森の開園30年にあたって図鑑を作ることになり、平成29年2月に編集会議をスタートさせました。以降は、仕事終了後の夜遅くまでや休日にも開催し、その回数は約50回を数えました。生き物の写真を提供いただいたり、原稿をお願いしたり、昆虫の同定をお願いしたり…。さまざまな人の力を集めて、出来上がったのがこの本です。この場をお借りしてご協力いただいた皆様にお礼申し上げます。

　最後に、快く出版を引き受けてくださり、写真提供や内容にもアドバイスをいただいたメイツ出版の前田信二さんに心よりお礼申し上げます。

【執筆・写真】
青木修（桐生タイムス）／浅野弘／新井茂子／石井智陽／板井すみ江／鵜沢美穂子（ミュージアムパーク茨城県自然博物館）／大賀季代／大坪礼乃／亀井健一／木暮幸弘／佐藤民雄／佐藤智子／佐鳥英雄／昭和俳句会／須田隆（群馬県野生きのこ同好会）／曽原美千代／高橋文吾／髙柳鈴子／田中歩美／田野芳久（動物写真家）／寺内浩／寺内優美子／中沢武（日本きのこ研究所）／成田正嗣／橋本光夫／前野立穂／松本嘉幸（芝浦工大附属柏中学高等学校）／矢澤道子／山田学

【写真・資料提供・協力】
安達登美子／板井亮一／片所寿雄／金杉隆雄（ぐんま昆虫の森）／堺　淳（日本蛇族学術研究所）／田中宏俊（特定非営利活動法人鳴神の自然を守る会）／廣田和弘／前田信二（メイツ出版）／山岸正子／横倉道雄／藤澤新之助／藤澤旦陽／桐生自然観察の森スタッフ（小澤正英／島倉瑛枝／正田幸司／髙柳和由）

【イラスト】
大谷雅人（カッコソウ）／中沢豊子（キノコ）

【編集委員】
木暮幸弘／前野立穂／山田学／石井智陽／寺内優美子

桐生自然観察の森フィールドガイド

森のなかまたち

2019年3月17日　第1版・第1刷発行

編著者……… 桐生自然観察の森
発行者……… メイツ出版株式会社
　　　　代表者＝三渡　治　発行者＝前田信二
　　　　〒102-0093 東京都千代田区平河町1-1-8
　　　　TEL 03-5276-3050（編集・営業）
　　　　TEL 03-5276-3052（注文専用）
　　　　FAX 03-5276-3105
印　刷……… 三松堂株式会社

●乱丁・落丁本はお取り替えいたします。○無断転載、複写を禁じます。
●定価はカバーに表示してあります。

Ⓒ桐生自然観察の森，2019. ISBN978-4-7804-2164-4 C2045
Printed in Japan. 1-1